"你的全世界来了"科普阅读书系

衣服来了

王水香 ◎ 编 著

丛书主编：安若水
副 主 编：王竞华 毕经纬
编　者：毕研波 海 秋 张思源 王水香 马 然
插　图：支晓光

山西出版传媒集团　山西教育出版社
·太原·

图书在版编目（CIP）数据

衣服来了 / 王水香编著. -- 太原：山西教育出版社，2025.5
（"你的全世界来了"科普阅读书系 / 安若水主编）
ISBN 978-7-5703-3921-1

Ⅰ. ①衣… Ⅱ. ①王… Ⅲ. ①服装-青少年读物 Ⅳ. ①TS941.7-49

中国国家版本馆 CIP 数据核字（2024）第 085368 号

衣服来了
YIFU LAILE

策　　划	李　磊
责任编辑	张宇璐
复　　审	彭琼梅
终　　审	冉红平
装帧设计	崔文娟
印装监制	蔡　洁

出版发行	山西出版传媒集团·山西教育出版社
	（太原市水西门街馒头巷 7 号　电话：0351-4729801　邮编：030002）
印　　装	山西新华印业有限公司
开　　本	890×1240　1/32
印　　张	5
字　　数	104 千字
版　　次	2025 年 5 月第 1 版　2025 年 5 月第 1 次印刷
书　　号	ISBN 978-7-5703-3921-1
定　　价	23.00 元

如发现印装质量问题，影响阅读，请与出版社联系调换。电话：0351-4729718

目 录

1. 从遮身蔽体到花枝招展的衣服来了 　　1
2. 我国历史上服饰变化的转折期 　　4
3. 上衣和下裳连在一起的深衣 　　7
4. 古代服饰的等级标志——十二章纹 　　10
5. 我国服饰制度的一次重大改革——胡服骑射 　　13
6. 上短下长的襦裙 　　16
7. 最有生命力的古代外衣——袍服 　　19
8. 褒衣博带的魏晋服饰 　　22
9. 护胸护背的裲裆 　　25
10. 北方游牧民族的传统服装——裤褶 　　28
11. 乌纱帽原本是民间便帽 　　31
12. 唐代的新式衣着——半臂 　　34
13. 多姿多彩的唐代女装 　　37

你的全世界来了

⑭ 多色拼接的明朝水田衣　　　　40
⑮ 源于半臂的宋代背子　　　　　43
⑯ 富贵吉祥的凤冠霞帔　　　　　46
⑰ 布业始祖——黄道婆　　　　　49
⑱ 万人同色的质孙服　　　　　　52
⑲ 皇帝的朝服——龙袍　　　　　55
⑳ 锦衣卫的服装　　　　　　　　58
㉑ 明清时期的"衣冠禽兽"　　　61
㉒ 清代官员顶戴花翎　　　　　　64
㉓ 把鱼皮穿在身上　　　　　　　67
㉔ 被誉为国粹的旗袍　　　　　　70
㉕ 清代和民国时期的长袍马褂　　73
㉖ 中山装的由来　　　　　　　　76

目 录

27 源自苏联的列宁装和布拉吉　79
28 饱受争议的喇叭裤　82
29 古代服色有讲究　85
30 内衣自古就有　88
31 我国古代的丧服制度　91
32 唐代的借服制度和赐服制度　94
33 我国古代官员的佩饰　97
34 独一无二的中国丝绸　100
35 棉制面料的特点　103
36 我国的三大名锦　106
37 我国的四大名绣　109
38 纽扣和拉链的历史　112
39 三大印花技艺之一——扎染　115

㊵	中外服装的差异	118
㊶	拜占庭服饰	121
㊷	文艺复兴时期的服饰	124
㊸	巴洛克服饰风格中的荷兰风	127
㊹	巴洛克服饰风格中的法国风	130
㊺	现代时装之父——查尔斯·弗莱德里克·沃斯	133
㊻	洛可可服装	136
㊼	克里诺林撑架裙	139
㊽	国际四大时装周	142
㊾	风靡世界的牛仔装	145
㊿	中外通用的正装——西服	148
51	俏丽潇洒的迷你裙	151
52	衣服的未来	154

衣服来了

❶ 从遮身蔽体到花枝招展的衣服来了

亲爱的同学们,你们一定都喜欢穿漂亮的衣服吧!或许你现在就正穿着美丽的连衣裙,或是酷酷的牛仔上衣,或是帅气的背带裤。对于现在的衣服,你们一定不陌生,但是最早的衣服是什么样子的,你们知道吗?

说到这个问题,我们还要从很远很远的从前说起。在猿人时期,人类是不穿衣服的,他们和其他动物一样,身体覆盖着厚厚的体毛,并以此抵御寒冷,这样的生活人类持续了200多万年。

人类衣服的雏形

直到30万年前左右,人类在与野兽和大自然长期的斗争中渐渐强大和聪明起来。他们开始知道用树叶草葛来

遮挡烈日，遮蔽风雨，保护身体免遭虫蛇叮咬。后来，随着生存能力的提高，他们懂得用一些猎获的鹿、野牛、羚羊等动物的皮毛把自己的身体包裹起来御寒保暖。

这些原始的树叶和兽皮就是人类衣服的雏形。

再后来人类学会磨制骨针、骨锥，缝制衣服，人类的服饰才脱离萌芽状态。

20世纪90年代，人们在俄罗斯北部的冰冻岩层中发现了一具10万年前的男孩的遗骸，遗骸保存得还很完好。男孩身上穿着皮革裤子和靴子，这是迄今为止发现的最古老的人类衣服了。

后来，由于原始的农业和手工业开始形成，人们逐渐学会将采集到的野麻纤维提取出来，用石轮或陶轮搓捻成麻线，再织成麻布，做成更适应人体穿着需求的衣服。这是人类服饰发展史上一个崭新的开端，也是人类社会进步的一个重要标志。

在土耳其和印度，人们发现了毛纺织物和棉纺织物的残片，在我国同期的古墓中还出土过原始的纺织机。这说明人类逐渐掌握了植物纤维的纺织技术，人类纺织和制造衣服的水平也越来越高。

在甘肃出土的距今5000多年的彩陶上，已经出现了"上衣下裳"的人像，证明人们当时已经把衣和裳区别开来了。在安徽出土的距今5000多年的古墓遗址中，出现了戴着冠帽的玉雕人，这是人们见过的最早的帽子。在新疆吐鲁番洋海古墓中，人们发现了3000多年前的中国最早的裤子——战国时期赵武灵王"胡服骑射"时候推行的裤子。

在同一时期的世界各地，也都有各自纺织衣服、穿戴衣物的历史证据。

由此可知，人类穿上衣服的历史并不长，人类在距今1万年左右开始用植物纤维纺织衣物，但真正能称得上是衣服的（衣、裤、帽齐全）要到5000年以后。

人类现在的衣服

服装演变是一个从无到有的过程，经过了兽皮、植物纤维再到丝织品的发展阶段。服装的进化是从最原始最简单的织物开始的，例如早期的人们用腰绳挂一些草叶、树皮等制成腰蓑式的围裙，或者用葛麻织物制作的围腰、蓑衣等，这些早期的衣物都是非常简陋的，但它们为人类服装的发展奠定了基础，后来人类服装又发展到全身包裹。

从那时开始，真正的衣服向我们一步步走来。

2 我国历史上服饰变化的转折期

从远古时代披树叶、穿兽皮到现在穿着精致，我们的祖先创造了一部灿烂的中国服饰史。在这段漫长的波澜起伏的历史中，传统服饰在一些特殊时期发生了巨大的改变，让我们的服饰发展一路向前。我国服饰发展的过程中大致经过了五次大的转折期。

"赵武灵王"雕像

从夏商到西周，我国的衣冠服饰制度初步完善。到了春秋战国时期，我们迎来了第一次服饰史上的变革。这一时期，以周天子为中心的"礼治"制度崩溃，诸侯争霸，社会变革在服饰变革中有所体现。服装用料、纺织材料、染料等流通领域更广，齐鲁成为我国丝绸生产的中心地区，华贵的紫色成为服装正色取代朱色。一方面上层人物仍保持宽襦大裳，另一方面受赵武灵王推行的"胡服骑射"的影响，士兵和劳动人民开始下身着裤而不加裳。

到了魏晋南北朝时期，战争不断，朝代更替频繁，民族大迁徙使得不同地域的文化交流与融合，促进了服装的发展。一方面统治阶级遵循秦汉旧制，少数民族首领醉心于汉族服饰，比如北魏孝文帝改制。另一方面当时玄学盛行，服饰也一改秦汉的端庄稳重之风，追求"仙风道骨"的飘逸和脱俗，同时，佛教对魏晋南北朝的服饰也产生了一定的影响。

唐代经历贞观、开元两个时期，经济得到极大发展，社会空前繁荣，对外交流频繁。唐代服饰呈现出雍容大度、不断创新的气象，成就了中国服装史上的第三次服饰变革。这一时期，服装种类繁多，华美艳丽，尤其是女性受约束较少，她们可以穿襦裙，也可以穿男装，还可以穿胡服，这在历史上是没有过的。

到了顺治元年，清世祖入关，定都北京，伴随着清朝的建立、强盛、衰微及灭亡，我国服饰发生了巨大的变化。清朝是由满族人建立的，服装改革也推崇满族文化，满族的服饰成为当时的主流。到了清朝中后期，因统治者日渐腐朽，国力衰微，清政府又以"中学为体，西学为用"为指导引进西方文化，学生的操衣、操帽和西式的军装、军帽开始出现。由于西式服装穿着更加便捷，设计更

加合理，所以一经引进，就对中国服装结构的改革产生了重要影响。

各式女子服饰

20世纪初经过辛亥革命和五四运动，我国服饰受西方工业文明的冲击，也产生了很大变化。青年人穿西装，老年人和普通市民穿长衫马褂。女性不再缠足。中山装和旗袍出现并不断改良，为中国的现代服装打下了基础。这可以看作是我国的我第五次服饰改革。

总之，这几次服装改革都为我国服饰发展带来了新鲜血液，带领我国的服饰业不断走向高峰。

3 上衣和下裳连在一起的深衣

深衣，听到这个词，大家可能一头雾水，不过，如果你平时喜欢看古装剧，那你一定见过深衣。剧中人物穿的那些上衣和下裳连在一起的可以包裹住身体的衣服都是广义的深衣。

深衣

广义的深衣指的是所有符合"被体深邃"特点的汉族传统服饰。狭义的深衣是一种特定服饰款式的名称，它是我国最早的服装之一，也是春秋战国时期最有代表性的服装。深衣早在西周时期就已出现，在春秋战国时期广泛流行，是古代诸侯、大夫在家里穿着的日常家居服，也是普通庶人百姓的礼服。

早期的深衣是将上衣和下裳分开裁剪，然后在腰间合成一体，下裳将12幅布片缝合为一体，表示一年中有12个月，是敬天的表现。同时，用圆袖方领提示人们行事要合乎准则。早期深衣的样式看起来类似现在的宽松连衣裙，虽然不能展现人体的曲线美，但是这种款式非常大气，穿起来既方便，又利于活动。

深衣的出现与古代人们内衣不完善有很大的关系。东周时期汉族人没有发明合裆裤，深衣可以严实地包裹住人体，避免身体走光。

据说，孟子有一次回到家里看到妻子很随便地"箕踞而坐"，指责她坐姿不雅，不遵守礼仪，还动了休妻的念头。所谓"箕踞而坐"就是臀部着地，两脚前伸并张开，膝盖弯曲形似簸箕。孟子将这件事情告诉了母亲，认为错都在妻子，没想到却被贤德的孟母批评了，指出是他不守礼仪，没有事先通报就闯进了内室，妻子一个人在家休息放松，本没有什么错误。最后这位大圣人只好认错，不再提休妻的事情。

这件事让我们看到了孟母的贤德，也让我们感受到了深衣在那个时期的重要性。

春秋战国时期，还出现了曲裾深衣，即左衣襟加长，向右掩，绕一圈后用腰带系扎。男女都可以穿，男子曲裾较短，只在背后稍挽一层，下裳很肥大，便于快步行走。女子曲裾较长，在背后层层绕挽，在前襟下面还垂下一条三角形的右襟斜衽，下裳较紧，拖在地上既能显示出女子身材的婀娜，又能满足礼制对女人不露内衣和身体的要求。

到了秦汉时期，内衣逐渐完备，曲裾变得不再必要，不用再绕到背后挽起来，直接在前面交叉垂直就行了，这就是直裾，叫襜褕，也是袍的前身。襜褕很短，不能在正式场合穿着。

深衣一般用白苎麻布制成，斋戒时用黑色，有时也用暗花面料制成，边缘多镶着彩帛，深衣腰带受游牧民族影响，后来用革带配带钩。受儒家思想的伦理文化影响，深衣的颜色也有讲究，人们根据各类亲人是否在世，穿着不同颜色的深衣，以此表达孝心。

汉代的宽袖绕襟深衣

深衣一直流行到东汉时期，魏晋以后才不再流行，但是它的影响却很深远，现在许多服装款式，如长衫、旗袍和连衣裙以及日本的和服等服饰，都有深衣的痕迹。

4 古代服饰的等级标志——十二章纹

祭祀是古代非常重要的礼仪活动,礼节繁多、气氛庄重。帝王和重要的官员们都要穿上绘绣十二章纹的冕服去参加祭祀。那么什么是十二章纹呢?

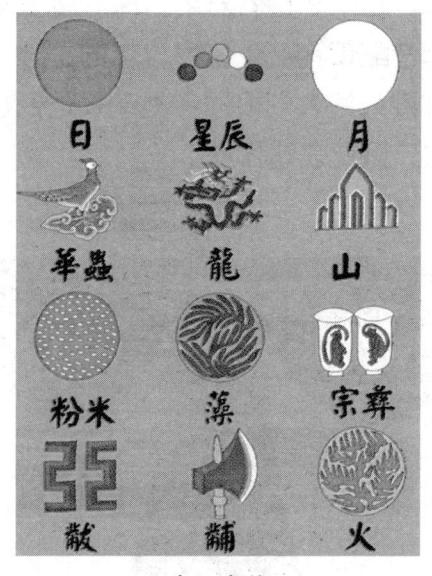

十二章纹

十二章纹,又称十二章、十二纹章,是帝王及高级官员礼服上绘绣的十二种纹饰,也就是十二种图案,分别为日、月、星辰、群山、龙、华虫(有时候分花和鸟两个章)、宗彝(南宋以前就是一只老虎一只猴子)、藻、火、粉米(晋朝以前是粉和米两个章)、黼、黻等,通称"十二章",实际上是"十六章"。

这些纹样具体是什么样子呢?

"日"就是太阳,不单是太阳,在太阳当中还有金乌,这是汉代以后太阳纹的一般图案。

"月"就是月亮,月亮当中常绘有蟾蜍或白兔,这是汉代以后月亮纹的一般图案。

"星辰"就是天上的星宿,常以几个小圆圈表示星星,各星星间以线相连,组成一个星宿。

"山"就是群山,图案是群山的形状。

"龙"就是龙的形状。

"华虫",按孔颖达的解释,即是"花"和"雉","华虫者,谓花和雉也。花就是花朵……雉是鸟类,其颈毛及尾似蛇,兼有细毛似兽"。

"宗彝"就是老虎和猴子,即宗庙彝器,南宋以后作尊形画在杯子上。

"藻"是水藻,为水草形。

"火"是火焰,为火焰形。

"粉米"是白米,粉为碎米,米是米粒的形状。

"黼"是黑白相间的斧形,刃白身黑。

"黻"是黑青相次的"亚"形。

以上十二种图案,各有其象征意义。日、月、星辰,象征照耀万物;山,象征稳重、镇定;龙,象征神异、变幻;华虫,象征有文采;宗彝,象征供奉、孝养;藻,象征洁净;火,象征明亮;粉米,象征有所养;黼,象征割

断、果断；黻，象征辨别、明察、背恶向善。

十二章纹的色彩也不同，山、龙为纯青色，华虫为纯黄色，宗彝为黑色，藻为白色，火为红色，粉米为白色，日用白色，月用青色，星辰用黄色，这样就有白、青、黄、赤、黑五种颜色，绣在衣服上，就是五彩。

这些纹样或对称排列，或相互交织，既体现了古代人民的审美观念，又反映了当时的社会风貌。

大英博物馆展出的龙衮

我国古代的章服制度一直沿用了近两千年，它的传承与发展对我国传统服饰文化产生了深远的影响。如今，这些纹样已经成为中国传统文化的一部分，被广泛应用于现代服饰设计中，为人们带来了新的视觉享受和文化认同感。

5. 我国服饰制度的一次重大改革——胡服骑射

战国时期，赵国位于现在的河北省南部、山西省中部和陕西省东北部。在它的北部有许多胡人部落，这些胡人部落虽然没有和赵国发生过正面的战争，小的冲突却不少。

胡服骑射

胡人都是身穿短衣、长裤，骑在马上使用弓箭作战，非常有战斗力。赵国官兵却都穿着宽大的长袍，披着笨重的甲胄，骑马很不方便。在北方崎岖的山路上，赵国军队打起仗来没有任何优势。

当时赵国的国君赵武灵王打算改变现状，就想让百姓学穿胡服，还要学习胡人骑马射箭。他的这种想法刚一提出马上遭到朝廷上下的一片反对之声。因为在中原地区，当时的主流服饰是深衣，当时的裤子（称为"袴"和"裈"）只能作为内衣，不能穿在外面，穿胡服对于他们来说就是"内衣外穿"。

为了表明自己的决心，赵武灵王亲自示范，上朝时穿胡服会见群臣，他的叔父公子成因此称病不来上朝，赵武灵王便亲自登门拜访，动之以情，晓之以理，终于说服了叔父站在自己这一边。

大臣们看到德高望重的公子成居然也穿上了赵武灵王赐给的胡服，心里稍有点动摇。赵武灵王趁热打铁，说服众人。他指出礼制、法令都应该因地制宜，衣服、器械只要使用方便，就不必固守古代那一套。最后在大臣肥义的大力支持下，赵武灵王正式下达了"胡服骑射"的命令。

胡服骑射

事实证明，"胡服骑射"在战国时期是一个创举，显示出赵武灵王的远见卓识。赵武灵王抱着以胡制胡，将西北戎狄纳入赵国版图的决心，不顾守旧势力的反对和阻拦，号令全国把袖子改窄，学习骑射。在赵国军队中推行胡服，并且开始训练将士，让他们学着胡人的样子，骑马射箭，转战疆场，并结合围猎活动进行实战演习。

因为穿着胡服在日常生活中做事很方便，所以胡服很快得到百姓的拥护。正是"胡服骑射"的推行，使赵国改变了原来的军事装备，国力也逐渐强大起来，不但打败了过去经常侵扰赵国的中山国，而且还向北方开辟了上千里的疆域，最后一举灭掉了中山国，成为当时的"战国七雄"之一，也成了除秦国之外国力最强的国家。这段史实被写入《史记·赵世家》中，在我国历史上留下了光辉的一页。我国著名的诗人郭沫若在1961年秋游丛台时曾赋诗赞扬了赵武灵王的历史功绩。如今，"胡服骑射"已经成为改革的同义词。

"胡服骑射"是一场古代思想文化方面的改革，也是我国服装史上的一次重大改革。赵武灵王通过"胡服骑射"把胡服融入汉民族服饰之中，汉人开始穿裤子，不再穿大裆袍，对于生活、劳作、军事都有积极的影响。这种服饰改革影响了秦汉两代，同时也体现了古代各民族之间的交流与融合。

⑥ 上短下长的襦裙

襦裙是汉族服饰史上最早也是最基本的服装形制之一。上身穿的短衣和下身束的裙子合称襦裙，是典型的"上衣下裳"衣制。

一般认为，襦裙出现在战国时期，兴盛于魏晋南北朝，直到唐朝前期都是普通百姓（女性）的日常穿着服饰，后来渐渐被衫袄替代，但是并未消失。

汉代由于深衣的普遍流行，穿襦裙的妇女逐渐减少，因此有人认为汉代根本不存在这种服饰，只是到了魏晋南北朝时期才重新兴起。其实，汉代妇女并没有摒弃这种服饰，反而在汉乐府诗中就有不少描写，证明这种服装确实存在。

汉代襦裙

魏晋南北朝时期的襦裙继承了汉朝的旧制，主要还是上襦下裙。上襦多用对襟（类似现代的开衫），领子和袖子上面添了彩绣，袖口有宽有窄；腰间用一围裳称其为"抱腰"，外束丝带；下裙面料比汉代更加丰富多彩。

同时，随着佛教的兴起，服装上出现了莲花、忍冬等纹饰。这时的女裙讲究材质、色泽，花纹鲜艳华丽，素白无花的裙子也受到欢迎。魏晋时期裙腰更高，上衣更短，衣袖更窄，后来又走向另一极端，衣袖加阔至二三尺。

隋唐五代时期，半臂与披肩构成当时襦裙的重要组成部分。唐朝是襦裙发展的重要时期之一，此时的襦裙具有华丽、大气的特点。裙子的材质多为丝、锦等高档材料，色彩多为浓艳的大红、大绿等，图案以花卉、云气等吉祥图案为主。唐代长期穿用小袖短襦和曳地长裙，但盛唐以后，贵族女子的衣着转向阔大拖沓，尤其是襦的领口变化多样，其中袒胸大袖衫一度流行，展示了盛唐思想解放的精神风貌。披肩从狭而长的帔子演变而来，后来逐渐演变为可以披在双臂，舞动前后的飘带，这是中国古代仕女的典型服饰，在盛唐及五代最为盛行。

宋朝时期的襦裙以简约、实用为主要特点。裙子的材质多为棉、麻等自然材料，色彩多为素色，图案也较为简单。此时的襦裙款式相对单一，多为长襦长裙的组合。

元明清时期的襦裙在继承前代的基础上，逐渐走向了简约和实用，材质多为棉、绸等布料，色彩多为素色或淡雅的花纹。

唐代襦裙

　　襦裙的种类很多,以裙腰高低区分,可分为齐腰襦裙、高腰襦裙、齐胸襦裙。以领子的样式区分,可分为交领襦裙和直领襦裙等。襦按照是否有夹里可区分为单襦、复襦,单襦近于衫,复襦近于袄,不同之处在于有无腰襕。裙从六幅到十二幅,有各种颜色及繁多的式样。

　　襦裙作为我国古代女子的主要服装之一,自战国直至明清,历经千年,其样式、材质、装饰等方面都发生了许多变化。尽管长短宽窄时有变化,但基本形制始终保持着最初的样式。与其他服装形制相比,襦裙有一个明显的特点,那就是上衣短,下裙长,上下比例体现了黄金分割的要求,穿起来极富美感,因此很受欢迎。

⑦ 最有生命力的古代外衣——袍服

袍服在先秦时期就已经出现，据考古发现，商周时期的贵族已经普遍穿着袍服，并在纹饰和色彩上追求华丽。那个时期的袍服，并不是外衣，只是一种纳有絮棉的内衣，《诗经·秦风·无衣》中就有"与子同袍""与子同泽"的诗句。秦始皇时期规定，官至三品以上者绿袍深衣，庶人白袍，皆以绢为之。秦时的袍服仍保留着内衣的形制，袍服外要穿外衣，东汉以后，逐渐以袍服作为外衣。

秦汉时期袍服作为军服比较常见，秦始皇兵马俑坑、徐州狮子山兵马俑坑和咸阳杨家湾汉墓等出土的兵俑中都有穿袍服的，但是那些穿袍服的多是将军俑，武士俑着袍服的极少。

我们可以从现已出土的将军俑身上看到袍服的主要特征：长度一般过膝，交领右衽，宽大的双襟几乎把身体包裹两周，分内外两重，内层比较厚重，可能是棉衣，外层较薄，好像是穿在外面的罩衣。过去有人称它为双重长袍，也有人称它为双重长襦。

在汉代，袍服作为普通服装，不论男女均可穿着，特别是妇女，除了用作内衣外，平时也可穿在外面，时间一长，袍服就演变为一种外衣。袍服由内衣变成外衣，正值

曲裾深衣淘汰时期。由于袍服中纳有絮棉，不便采用曲裾，所以较多地采用直裾。这时的袍服在领子、袖子等部位一般都缀有花边，花边的色彩及纹样较衣服素，常见的有菱纹、方格纹等。袍服的领子以袒领为主，一般多裁成鸡心式，穿时露出里衣。另外还有大襟斜领，衣襟开得很低，领、袖也用花边装饰。自此以后，袍服的制作日益考究，装饰也日臻精美。一些心灵手巧的妇女，往往在袍上施以重彩，绣上各种各样的花纹，甚至在隆重的婚嫁时刻，也穿这种服装。

通袖袍

袍服在漫长的历史长河中，经历了多次变革和发展。汉代，袍服逐渐普及到民间，款式也变得更加宽松。唐代，袍服进一步发展，出现了直筒长袍、圆领袍等不同款式，同时袍服的颜色和纹饰也更加丰富。到了宋代，袍服逐渐成为文人的专属服饰，款式也变得更加简洁。明清时

期，袍服进一步发展，款式更加丰富，颜色和纹饰也更加华丽。

圆领袍

袍服一般采用舒适柔软的面料，如丝绸、麻等，穿着舒适；袍服的线条通常较为流畅，注重整体美感，不强调身体的曲线；袍服常配有图案和纹饰，如云纹、龙纹、花卉等，既美观又具有象征意义。

"袍"是古代外衣中最有生命力的样式，从先秦开始一直延续到20世纪40年代，尽管在材质上有所区别，样式上有所变化，但袍服一直是从帝王将相到商儒平民的通用服装。

8 褒衣博带的魏晋服饰

魏晋南北朝时期是中国历史上的一个动荡时期，政治、经济、文化等方面都发生了巨大的变化。当时的人们饱受战乱之苦，对于物质生活的追求逐渐减弱，而精神层面的追求则得到了更多的重视。这种观念的变化也反映在了服饰上，宽袍大袖的服饰风格更符合当时人们对于自由、舒适、自然美的追求。

《北魏孝文帝礼佛图》（局部）

魏晋时期，男子的服装有衫、袄、袍等。人们的穿着一改秦汉端庄稳重的风格，长衫成为最主要的服饰，被世人称为"大袖衫"，这种大袖衫是交领直襟，衣长，袖体肥大，没有袖头、衣袂的限制，服装越来越宽大。款式有单衣、夹衣两种式样，对襟式长衫可开怀不系衣带，穿着

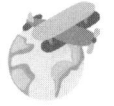

更加自由。大袖衫作为汉袍的一种发展,是今天"汉服"的典型式样,它使袍服的礼服性消减了,更趋向简易和实用。这种服饰,我们在《洛神赋》和《高逸图》中可以看到。

大英博物馆中的南北朝男子装束男俑

魏晋南北朝时期,衣裳的宽大程度是原来的两倍。当时上至王公贵族,下至普通百姓,都以此种穿着为时尚,尤其是一些文人更是如此。著名的竹林七贤就喜欢穿这样的衫子,他们穿起衣服来往往是袒胸露腹,不受任何拘束。

"东床快婿"的故事就发生在这个时期,身为太傅的郗鉴为自己的女儿到丞相王导家挑选女婿,王导的子侄很

多，大家都小心翼翼，精心准备，只有王羲之在东厢房的床上袒胸露腹呼呼大睡，没想到却获得了郗鉴的赏识，最终成为"女婿"的人选，这从侧面反映了这一时期人们对于时尚的追求。

色调上，魏晋南北朝的服装整体上呈现暗淡的蓝绿色，而不像唐朝服装那样艳丽。为什么那个时期会出现这样的服装？

原因很多。一方面佛教对魏晋南北朝时期的服饰有一定的影响，佛教自两汉传入之后，在魏晋南北朝时期得以兴盛，对当时的服饰形制和纹样有一定的影响，比如在当时的一些服装面料上就有许多西域的动植物纹样。

另一方面，这一时期的纺织技术得到了很大的发展，丝绸、麻布等纺织品的质量得到了很大的提高，因此服饰的价格相对较低，服装用料选择也较为丰富。

此外，还有人们自身的原因。魏晋时期，一些人重清谈，吃药成风，他们为追求长生不老服用五石散，服用这种药会造成皮肤干燥，当衣服与皮肤接触时，发生摩擦，容易溃烂，宽袍大袖因此成了必备品。这样看来魏晋时期服饰的飘逸并非都是为了表现他们的仙风道骨，有些人也有自己的不得已之处。

魏晋南北朝时期，不是我国历史上的最著名的时期，却是一个非常富有特色的时期，尤其它宽袍大袖的服饰文化更是具有鲜明的个性特征。

9 护胸护背的裲裆

裲裆也称"两裆",是一种盛行于两晋南北朝时期的背心式服装,这个词最早见于东汉末年刘熙的《释名 释衣服》,其中记载:"裲裆,其一当胸,其一当背也。"这表明裲裆的产生至少可追溯到东汉时期。

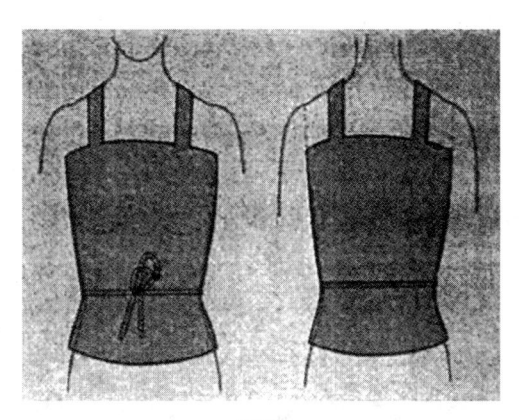

裲裆

裲裆最初作为内衣穿用,主要功能是保护身体的前胸和后背。至西晋末年,开始出现穿在外面的"裲裆衫",这一变化标志着裲裆在服饰功能上的拓展和穿着方式上的创新。到南北朝时期,裲裆外穿现象普及,男女均可穿着,成为当时社会的一种时尚。北魏迁都洛阳后,裲裆衫被纳入等级体系,成为正装和朝服,其社会地位进一步提升。隋唐时期,文武官吏仍广泛穿着裲裆,直至宋太

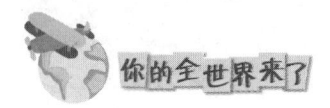

祖建隆年间，还有裲裆作为朝服的相关记录。此后，裲裆作为日常或礼仪服装的记录逐渐消失，但其服制对后世的马甲、背心、坎肩等产生了深远的影响。

裲裆的基本形制为前后各一片布帛，在肩部有两条带子相连，无领，腰间以带子系扎。东汉至南北朝时期，裲裆一般为无袖衣。到了唐代，裲裆的制式发生变化，发展成为半袖衣，与半臂相似。宋代时，裲裆在唐代制式的基础上增加了覆盖胳臂的肩襻，使其更加紧凑合体。

裲裆的质地多样，一般为丝绸、锦、罗、帛、练、绮等高级面料，有的还绣有花纹，装饰华丽。如《乐府诗集·上声歌》所载："裲裆与郎著，反绣持贮里。汗污莫溅浣，持许相存在。"这表明即使是贴身穿着的裲裆，其制作工艺也十分考究，表面常加彩绣装饰。

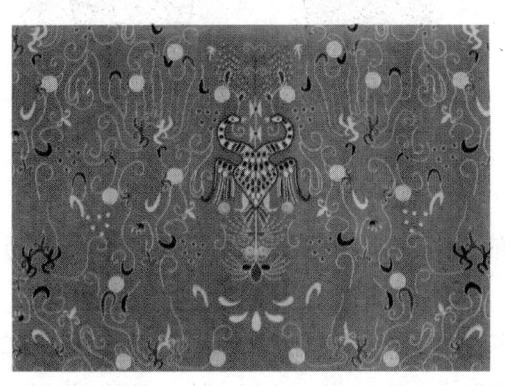

新疆吐鲁番阿斯塔那东晋十六国墓葬出土的裲裆实物残片

裲裆不仅具有实用功能，还蕴含着丰富的文化内涵。首先，裲裆的衣片是连接在一起的，因此常被古代女子作为托物言情的服饰，送给爱人贴身穿着，寓意二人永不分离。其次，裲裆的装饰图案常蕴含吉祥寓意，如新疆吐鲁番阿斯塔那东晋十六国墓葬出土的裲裆实物残片上绣有双头同体鸟纹样，周围点缀花草、云朵，颜色绚丽，象征着夫妇和谐、多子多福。此外，裲裆衫的流行也反映了当时社会文化的交融与变迁，是民族大融合时期服饰文化创新的重要体现。

　　裲裆的流行不仅体现了魏晋南北朝时期社会文化的开放性和创新性，也反映了当时女性地位的提升和审美时尚的变化。在魏晋南北朝这个政权更替频繁、战争连绵不断的时期，裲裆衫的创造和穿着被视为打破传统礼仪秩序、追求自由解放和个性张扬的重要表现。同时，裲裆衫的普及也促进了各民族之间的文化交流与融合，为中华服饰文化的多元发展贡献了力量。

　　通过对裲裆的深入研究，我们可以更加全面地了解魏晋南北朝时期的社会风貌和文化特征，为我国服饰史的研究提供新的视角和思路。

⑩ 北方游牧民族的传统服装——裤褶

魏晋南北朝时期，虽然汉族居民长期保留着自己的衣冠习俗。但是，随着民族间的交流与融合，胡服的式样也逐渐融入汉族传统服饰中，从而形成了新的服装风貌。

裤褶

裤褶这个名字听起来有些奇怪，因为它并不是中原的服装，而是北方游牧民族的传统服装。

当时，裤褶服穿着普遍，是由胡服演变而来，一直沿用到五代以后。裤褶的基本款式为上身穿短身、细袖的左衽之袍，下身穿窄口裤，腰间束革带。作为北方少数民族的服饰与汉族传统的宽袍大袖有所不同，其典型特点是短身左衽，衣袖相对较窄。在长期的民族交融中，汉族人民逐渐接受了这种服装并做了一些创新,把原本细窄的衣袖改为宽松肥大的袖子,衣襟也按自己的习惯改为右衽。因此从魏晋南北朝出土的考古资料中,我们看到了许多丰富多彩的服装结构:既有左衽、右衽,还有相当多的对襟儿的;袖子有短小窄瘦的,也有宽松肥大的;衣身有短小紧窄的,也有宽薄的;上衣的下摆,有整齐划一的,也有正前方两个一角错开呈燕尾状的,等等。这些衣衽忽左忽右,袖子忽肥忽瘦、忽长忽短的现象,表明了在当时民族大交融的背景下,服饰的互相渗透影响的现象。

裤褶的下装是合裆裤,这种裤装最初是很合身的,行动起来相当利落,骑马和从事劳动都非常便利,传到中原以后,有些官员也开始穿着。这让保守派不能接受,他们认为文官们穿着这样两条细裤管儿立在朝堂不合体统,与之前的上衣下裳实在相去甚远。于是想出一个折中的方法,将裤管儿加肥,这样站立的时候和裙装就差不多了,抬腿走路时仍然很利落。但是裤管儿太肥大的时候,如果碰到紧急的事或者军事方面的事还是不方便,于是有人便将裤管儿轻轻提起,然后用三尺长的锦带系在膝下将裤管儿缚住,这样又派生了一种新式服装——缚裤。

魏晋南北朝时期,汉族上层社会的男女也都穿着裤褶,脚蹬长勒靴或短勒靴,这种形式反过来又影响了北方的服装式样。

裤褶内往往穿有圆领内衣。褶服有窄袖褶服和宽袖褶服两种式样。在北朝早期流行窄袖褶服,形制为交领,衣

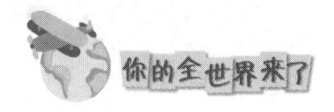

袖较窄，粗细均匀，衣长及膝，左衽、右衽的都有。宽袖褶服是北朝中后期流行的服装式样。

敦煌壁画中着褶服的男子

从壁画上看，宽袖褶服多为士族阶层所穿，耕作的农民则多穿窄袖裤褶，这样便于劳动。

那时，裤有小口裤和大口裤之分，穿大口裤行动不方便，所以用三尺长的锦带束住，一般束在膝盖下，还可调节裤脚的高低。

裤褶是我国历史上民族交融的产物，说明我们的各民族之间能够取长补短，共同进步。

⑪ 乌纱帽原本是民间便帽

受传统戏剧影响，我们很多人都把乌纱帽当作一种官帽，常常把某人被免职说成是某人丢了"乌纱帽"，认为乌纱帽是古代官员的一种标配，但是实际上并不是这样的。乌纱帽原本是民间常见的一种便帽，据说在东晋成帝时，凡在都城建康（南京）宫中做事的人，都戴一种用黑纱做的帽子，人称"乌纱帽"。到了南北朝时期，这种帽子在民间也流传开来。于是，"乌纱帽"就成为民间百姓常戴的一种便帽。

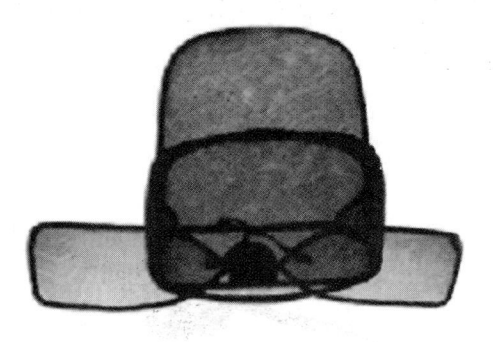

乌纱帽

还有种说法是，南朝宋文帝第十二子建安王王休仁创制了乌纱帽。当初并没有什么特殊的原因，他纯粹就是为了赶时髦，想做一顶与众不同的帽子来戴，于是将一块黑色的纱布，四边抽扎起，戴在头上。由于材料便宜，制作简单，式样大方，所以后来有不少人仿制并戴这种帽子。就连隋代的杨坚，也喜欢戴这种乌纱小帽。皇帝自然有引领作用，一时间朝廷、民间顿时万头攒动，黑成一片了。那时，它也还是一种便帽。

　　最初的乌纱帽是用黑纱制成的，后来逐渐出现了用绸缎、丝绒等高档材料制成的乌纱帽。乌纱帽的样式也越变越华丽，越变越精致。

　　乌纱帽作为正式"官服"的一个组成部分，始于隋代，兴盛于唐代。隋唐时，天子百官士庶都戴乌纱帽，但是所戴的乌纱帽是有区别的。有的乌纱帽上是配有玉饰的，这种乌纱帽只有六品以上的官员才能佩戴。根据官职大小，乌纱帽饰玉数量也各有不同，一品有九块，二品有八块，三品有七块，四品有六块，五品有五块，六品以下就不准装饰玉块了。

宋代官帽

　　到宋代时，乌纱帽的变化最大，开始用"帽套"来固定乌纱帽，当时乌纱帽有直角和展角两种样式。传说宋太祖赵匡胤登基后，为防止官员们上朝时交头接耳，议论政事，就在乌纱帽的两边各加一个翅，把乌纱帽做了这样的改进后，只要大臣的脑袋一动，软翅就忽悠忽悠颤动，皇上居高临下，在远处就会看得清清楚楚。另外，为区别官位的高低，他还要求在乌纱帽上装饰不同的花纹。

明代以后，乌纱帽才正式成为做官为宦的代名词，成为官僚体系中不可或缺的一部分。明代开国皇帝朱元璋定都南京后，于洪武三年做出规定：凡文武百官上朝和办公时，一律要戴乌纱帽，穿圆领衫，束腰带。另外，取得功名而未授官职的状元、进士，也可戴乌纱帽。从此，"乌纱帽"才成为官员的一种特有标志。

乌纱帽被指定作为官帽开始于明代，也结束于明代，明代对乌纱帽的颜色、式样都有一定的要求。因为清代统治者入关以后就废除了以前的冕服制度，官员的乌纱帽也换成了红缨帽，乌纱帽彻底退出历史舞台。

乌纱帽是中国历史和文化的一部分，它承载了无数的故事和传说。

12 唐代的新式衣着——半臂

在唐代丰富多彩的服饰文化中，半臂作为一种独特的服饰款式，占据了重要的地位。它不仅是一种服装，更是一种文化符号，一种历史的独特印记。无论是宫廷贵族还是市井百姓，都乐于穿着。半臂的设计简洁大方，既能展现出唐代人的开放、豪放性格，又能体现出一种自由、洒脱的风尚。

半臂也叫"半袖"，看起来像衫去掉了长袖，成为宽口短袖衣，其形制与衫齐长，交领、腰下接襕。男子半臂长到膝部，明代演变为褡护。部分学者认为"半臂"是男子服饰，因为唐代史料中有男子半臂和女子半袖之说。当时，半臂多穿在衫襦之外。这种穿法在隋代宫廷很流行，先是宫中内官、女史穿着，后来传至民间，历久不衰。

实际上，半臂是唐代女装中极为常见的新式衣着。它是一种短袖的对襟上衣，没有纽袢，只在胸前用缀在衣襟上的带子系住。半臂的衣领宽大，胸部几乎都可以袒露出来。唐代妇女们穿着半臂时，有的把它罩在衫、裙的外面，有些像现在的短风衣。

唐代半臂面料多数用锦，穿在圆领袍衫里面，称为锦半臂。隋唐时期的扬州就生产半臂锦，是专供制作半臂的彩色纹锦。半臂之襕通常为异色，并且自腰而下到膝，像是短裙，襕料多是较柔软的绫、绢。唐代衣物帐中提及半臂时常有记载。

唐代玉色半臂

半臂的兴盛时期是在唐代前期，中期以后便明显减少，主要原因是唐代前期与后期的女装有明显的不同。唐代前期的女装大多窄小细瘦，紧贴身体，袖子也细窄紧口，适合在外面套上半臂。唐代妇女爱穿窄瘦服装的风气，大概受北朝胡服流行和境外异国风俗的影响。唐代妇女穿的胡服主要是袍衫和靴裤，外着翻领对襟的窄袖长袍，或者穿圆领窄袖襕衫，下身穿长裤，足蹬靴鞋，腰束革带。

在唐代，男女都可穿着半臂。半臂形象曾在唐昭陵墓考古中频繁出现，可见它是唐代一种非常流行的服饰。这些服饰形态各异，裁制精美，在不同场合，半臂的式样也不同：圆领套头短款式，衣长及腰，无袖，衣领围住颈部，与唐代的其他低领服装不同；阔领对衽短款式，半臂

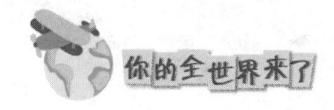

及腰，衣领形制为圆形，开口低，近乎袒胸；V领对衽短款式，衣长及胯，袖长及肘，衣袖宽松，一般胡人穿着；V领对衽长款式，衣长及膝，袖子较短，仅及肩下，也均是胡人穿着；翻领交衽长款式，形制为翻领，衣长及膝，袖长及肘，腰间系带，自然大方，像现在的中袖风衣。

唐代儿童版半臂

半臂的材质丰富多样，有丝绸、麻布、皮革等，其中以丝绸最为常见。丝绸的柔软和光泽为半臂增添了几分高贵之气，使得穿着者更显优雅。

唐代半臂各具特色，都很美丽，它们是盛唐恢宏气象的一个表现，不仅体现了唐朝人开放的精神风貌，也反映了唐代社会的多元化和开放性，它是历史的独特印记，也是我们了解唐代服饰文化的重要载体。

13　多姿多彩的唐代女装

唐代是中华民族交融的鼎盛时期，唐代文化是开放、包容的，因此唐代也是中国服饰尤其是妇女服饰发展的一个高峰。随着织造工艺的发展，唐代服装质地更加优良，色彩更加艳丽，展现出崭新的面貌。

唐代的女装有很多种，以襦裙为主，基本上是短襦长裙。裙子瘦长曳地，款式很多，有条纹裙、金丝裙、金缕裙、芙蓉裙、荷叶裙，等等。色彩非常鲜艳，有红、紫、黄、青多种色彩，其中红色尤其受到大家的喜爱。在所有红色裙子里，以石榴裙最为流行。

张礼臣墓出土的《舞乐屏风图》及衣物复原图

石榴裙说的不是裙形，而是颜色，这种裙子用石榴花

练染而成，呈大红色。五代以后石榴裙曾经一度被冷落，直到明清时期再度流行。上至女皇武则天、杨贵妃，下到普通的民间女子都喜欢石榴裙，并且一直沿用到近代。

"芙蓉为带石榴裙""红裙妒杀石榴花""榴花裙色好""苦云色似石榴裙"，历史上有许多诗句赞美过这种美丽的服饰。后来，"石榴裙"便成了美女的代名词。

唐代比较著名的还有霓裳羽衣，它实际上是一种用孔雀羽毛制成的舞蹈服，对襟，袖根窄瘦，袖口肥大。穿上霓裳羽衣跳起舞来，如翔云飞鹤。在唐代诗歌中有很多对这种服饰的描述，可见它当时的流行情况。

《簪花仕女图》中的襦裙

除了裙装，唐代女子也非常喜爱罗衫。盛唐时流行薄质的服饰，并且注重配饰。晚唐五代时期的女子喜爱着衫，尤其到了夏季，更爱穿宽大的衫，这时的衫轻如雾、薄如蝉翼。唐代的袒胸大袖衫，又称"明衣"，明衣因其薄而透明得名，原来是礼服的一部分，用薄纱制成，穿着在里面，到了唐代，被当作外衣穿出来，使得肌肤若隐若现，平添了几分神秘和性感，里面的裙装，高腰到胸部，袒露胸背，裙长拖地，造型瘦长，充分展示了女子的美。

着胡服也是唐代女子的流行时尚，胡服的特点是翻领、窄袖、对襟。在衣服的领、襟、缘等部位，一般多缀有一道宽阔的锦边。唐代女子所着的胡服，包括西域胡人装束及中亚、南亚异国服饰。这与当时胡地文化传入有直接关系。当时唐代流行一种叫作回鹘装的胡服，这种服装略似长袍，翻领，袖子窄小，衣身宽大，下长拖地，多用红色织锦制成，在领、袖等处都镶有宽阔的织锦花边，类似现代西方的大翻领宽松式连衣裙。

女穿男装也是当时的一种社会风气，这种现象在长安与洛阳比较多。女子头戴男子软脚幞头，身穿男子窄袖圆领袍衫、缺胯袍，腰间系蹀躞带，下穿小口裤，脚蹬六合乌皮革靴或锦履，既保持了女性的秀美，又为女性平添了一些英气。

唐代服饰变革被称为我国服饰的第二次变革。唐代服装款式众多、色彩艳丽、典雅华美，这与当时经济繁荣，对外交往频繁，世风开放，妇女受到的束缚较少有密切关系。

14 多色拼接的明朝水田衣

水田衣又叫百衲衣，用各色零碎布料拼接而成，因整件衣服织料色彩互相交错、形状如同水田而得名。水田衣最早出现于唐朝，一般认为它是由僧侣穿着的袈裟移位而来。只是两者在色彩方面差别非常大，僧衣偏向于青色、土黄等灰色调；水田衣的着装对象是普通大众，其服装不再只限于灰色调，而是由不同颜色、材质的散碎布料拼接而成，整体色块相互交错，互相独立但又形成整体。

水田衣

水田衣刚开始出现的时候，制作过程中比较注意匀称，各种锦缎织料都被事先裁成长方形，再有规律地进行编排缝合。后期制作过程中料子大小不一，形状不同，色彩丰富，形似补丁，拼接形式与清朝至近代的"百家衣"相似。

在明代，明太祖朱元璋极力提倡节俭，并颁布了大量的"惠农"政策，为水田衣的流行奠定了重要的社会基础。马皇后更是身体力行，亲自用杂色布头做成衣服，赠送给皇妃公主，为水田衣的出现奠定了社会基础。

明朝水田衣拼接形式中最核心的部分是分割与比例，它采用对襟的形式，将服装的左右两部分进行等形且等量分割，达到左右对称的视觉效果。但是从单一部分观察时，左右两边无论在布料选择上还是色彩排列上却又各有不同，这属于等量分割中自由组合的范畴。

对襟水田衣

水田衣的款式特点主要体现在领、袖、襟、裾等部位。领部通常采用交领或直领，简约大方；袖口则多为宽大款式，以适应农耕劳作的需求；襟边和裾边则采用花边或刺绣图案，增加了服饰的装饰性。整体来看，水田衣的

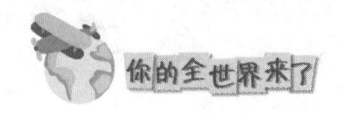

款式简约而不失美感，充分体现了明朝服饰文化的独特魅力。

后来随着棉、丝绸等衣料的逐渐发展，水田衣的制作原料也由低级向高级迈进。不同阶层对衣料的选择存在很大差异。对于普通庶民，允许用绸、绢等衣料，但是绝大多数农民还以着麻、棉布衣为主。而对于那些官宦人家则能够跟上时代的变化，始终追求更为高级的面料。由于民众服饰的色彩、质料等都按照等级划分，所以不同时期、不同阶层人所着的水田衣色彩和质料各有不同。

水田衣不仅面料不同，颜色也不同。明朝中后期，水田衣出现了各类彩色式样，色彩丰富，主要包括紫色、蓝色、青色、桃红等颜色。

到明朝末期，奢靡之风盛行，许多贵胄人家女眷为了做一件水田衣，常常不惜裁破一匹完整的锦缎，这违背了水田衣的初衷。

水田衣的设计，打破了传统，是服装设计的一种突破，属于个性化设计的服装。

⑮ 源于半臂的宋代背子

背子，又名褙子，是汉族传统服装的一种，起源于隋代，流行于宋、明两朝。背子由半臂发展而来，形制为前后两片，一片护胸，一片护背，但与半臂不同的是，它是直领、对襟，中间不施衿纽，两襟的边缘镶边，袖子可长可短。

在宋代，背子是一种普及度很高的服饰，它以简洁、流畅的线条，丰富的色彩、图案，成为宋代女性日常喜爱穿着的重要服饰。背子不仅可以日常穿着，还可以作为第二等礼服，出席重要的礼仪场合。皇后、嫔妃、公主、家庭主妇、活跃于市井社会的媒婆等，都可以穿着背子。

安徽南陵铁拐宋墓宽袖背子

对于宋代男子来说，背子属于非正式礼服，以在家待客做简单礼服、衬服的比较多。宋代的官员也可穿着背子，但不像平民百姓那么自由、随意，因为官员的身份限制，他们只能将背子作为衬服穿，不能作为正装。官员的背子有很多种类，如红团花背子、小帽背子，等等。

宋代《瑶台步月图》

宋代，背子的款式和样式都有了很大的发展。根据领口的设计，可分为圆领、方领、斜领等；根据袖型，可分为长袖、短袖、窄袖等；根据穿着场合，可分为便服背子和礼服背子等。并且，背子不再局限于单衣，而是出现了夹衣、棉衣等多种形式，适应了不同季节和气候的需求。此外，背子的颜色和纹样更加丰富，裁剪和设计也更加精致，出现了许多新款式，如百叶领背子、云肩背子等，彰显了当时服饰文化的繁荣。

其他朝代的背子也各具特色。元代，背子较为简单，

通常采用单层布料，形状类似于现代的宽松衬衫。明代，背子变得更长，更宽松，类似于现代的背心，面料也变得更加华丽，颜色以素色为主。清代，背子变得更短，更紧身，类似于现代的短袖上衣，在材料和颜色上，清代背子也变得更加多样，颜色也变得更加丰富多彩。

如今，当我们欣赏宋代的绘画、瓷器等艺术品时，背子依然是其中的一道亮丽风景线。虽然随着时代的变迁，背子逐渐淡出了人们的视线，但不可否认，背子仍然是我国传统服饰文化中的一抹亮色。

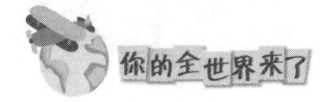

16 富贵吉祥的凤冠霞帔

凤冠霞帔，其实是两件服饰，一为凤冠，一为霞帔。凤冠，又称凤子冠，是中国古代皇帝后妃及贵族命妇的传统礼冠，因冠上缀有凤凰形状的装饰而得名。以凤凰饰首的凤冠，早在汉代已经出现，到宋代被正式定为礼冠，并列入冠服制度。那么，凤冠是什么样子的呢？我们可以从北京十三陵出土的孝靖皇后的凤冠一睹它的风采。孝靖皇后的凤冠以竹丝为骨，编成圆框，框内外各糊一层罗纱，外面缀以金丝和翠羽做成的龙凤，周围镶嵌各式珠花，在冠顶正中的龙口，还衔有一颗宝珠，左右二龙及所有凤嘴均衔着一挂珠串，这顶凤冠被誉为"珍宝之冠"。

凤冠

明清时期，一般女子盛饰的彩冠也叫"凤冠"，多用在婚礼上，但她们戴的凤冠与皇后、妃嫔的凤冠本质上完全是两种物什，只是名称上借用了"凤冠"二字。

霞帔，又是什么呢？霞帔又称"霞披""披帛"，是宋明以来重要的冠服之一。帔，源于古代贵族妇女的礼服——大袖背子，是披在肩背上的服饰。六朝的帔近似于今天的披风，男女都可穿着。唐代的帔近似后世的云肩、背心，是女子的日常服饰。宋代的帔可能指盖头，为已婚妇女的象征，是出嫁新娘必不可少的装饰。

霞帔是宋代以来命妇的礼服，一般用狭长的布帛做成，类似现代的披肩。宋代的霞帔是与礼服配套的服饰，是一种隆重的装饰品，一般平展地垂于胸腹前。宋代妇女的日常服饰已经不再用帔，帔专属于礼服中的一种，为了使霞帔平展地垂下，还在底部配缀以帔坠。

明代霞帔用于皇后、命女礼服。品级不同，式样不同，穿戴有严格的规定。后妃和百官的妻子都披挂霞帔，但是只有后妃可以用朱色、金秀龙凤文，其他妇女只能用深青色不修文的帔子。

清代，霞帔一般为诰命夫人专用的服饰。

明清两代，民间女子只有正室在结婚时才可以穿凤冠霞帔，古称"借服"。庶民妇女用的只是"借用"的概念，并不是真正的霞帔。

凤冠的制作需要选用上等的材料，如金、银、珍珠、宝石等。其次，需要经过镂空、镶嵌、贴花等工艺，将材

料雕刻成各种形状，如龙、凤、花鸟等。而霞帔的制作则更为复杂，需要将丝线编织成各种图案，再配上珠花、流苏等装饰。整个制作过程需要耗费大量的人力、物力和时间。

霞帔

凤冠霞帔本来就是专属品，民间本没有凤冠与霞帔，凤冠霞帔到了民间只是借用概念，并不是专属品。民间的凤冠霞帔，是指民间婚礼中新娘所戴的礼冠、穿着的吉服，它只是借用凤冠霞帔的喜庆和吉祥的寓意。

我国的服饰制度一直是非常严格的，服饰被看作是身份等级的象征，一般是不能僭越的，但是在凤冠、霞帔的借用上却体现出人性化的一面，让凤冠霞帔一直保有富贵吉祥的美好含义。

17 布业始祖——黄道婆

在13世纪，有一位杰出的女性，她为我国的棉纺织业做出了巨大的贡献，被称为布业始祖，她就是宋末元初的纺织家黄道婆。

大约在1245年，正是宋元交替的混乱时期，黄道婆出生在上海乌泥泾镇（现在的徐汇区华泾镇）的一个穷苦人家。由于家庭生计困难，她在十几岁就被卖给别人家做了童养媳，受尽虐待。后来逃到一艘开往南方的海船上，一路来到了海南南部的崖州。

崖州那些纯朴热情的黎族百姓不仅接受了黄道婆，让她有了安身之所，还毫无保留地向她传授了非常先进的纺织技术。当时黎族的纺织技术已经非常发达，这里有著名的黎单、黎饰、鞍搭等纺织品。

黄道婆纪念馆

你的全世界来了

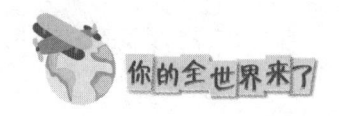

　　黄道婆非常聪明好学，她研究黎族的纺棉工具，学习纺棉技术，废寝忘食，争分夺秒，对每一种工具、每一道工序都细心琢磨，用了将近30年的时间掌握了黎族的棉纺织技术。

　　在崖州生活了将近30年后，她听说江南经济已经稳定，思乡之心让她重新踏上了故土。她千辛万苦回到家乡后，把自己精湛的织造技术毫无保留地传授给故乡的人们，并在上海松江一带传播推广。

　　最初她发现江南的棉花种植已经很多，但是棉花的产量并不高，人们对于棉花中的棉籽还是无能为力。她根据自己几十年丰富的纺织经验，一边教人们纺织技术，一边着手改革棉纺织工具，发明了去籽搅车，去籽搅车解决了去除棉籽的问题，改变了过去一个个手工剥籽的状况，大大提高了生产效率，比美国的惠特尼发明的轧花机整整早了400年。

　　黄道婆还改良了弹棉椎弓，她用四尺多长的大弹弓代替了原来一尺多长的小弹弓，这样可以更快地把棉花弹松软。她还发明了三锭脚踏纺纱车，使纺纱效率一下子提高了两三倍。

　　她的辛勤劳动很快推动了家乡棉纺织业的发展。由于乌泥泾和松江一带人民掌握了先进的织造技术，一时间，"乌泥泾被"广传于大江南北。

　　黄道婆除了在改革棉纺工具方面做出重要的贡献以外，她还把从黎族人民那里学来的织造技术，结合自己的实践经验，总结成一套比较先进的"错纱配色、综线絜花"等织造技术，热心地向人们传授。因此，当时乌泥泾出产的被、褥、带、帨等棉织物，上有折枝、团凤、棋局、字样等各种美丽的图案，鲜艳如画。这些纺织品远销各地，很受欢迎，很快松江一带就成为全国的棉织业中心，几百年经久不衰。

黄道婆塑像

16世纪初，当地农民织出的布，一天就有上万匹。18世纪至19世纪，松江布更是远销欧美，获得了很高的声誉。当时称松江布匹"衣被天下"，这伟大的成就凝聚了黄道婆的大量心血。

黄道婆让人们脱下笨重的麻布衣服，穿上了松软舒适的棉制品，盖上了松软的棉被，她所带来的棉纺织技艺一直延续至今。

18 万人同色的质孙服

质孙服又称只孙、济逊,汉语译作一色衣、一色服,明朝称曳撒、一撒。"质孙"是蒙古语"华丽"的音译。质孙服是蒙元时期非常重要的宫廷礼仪服饰,也是最具特色的一种礼服。

质孙服的形制是上衣连下裳,上衣较紧窄且下裳亦较短,在腰间作无数的襞积,并在其衣的肩背间贯以大珠。

元代云肩织金锦辫线袍

这种礼服是出席皇帝即位、寿辰、册立皇后、太子、正旦庆典、群臣上尊号、宗王大臣来朝、岁时行幸等内庭大宴时,包括皇帝、百官、仪卫、乐工统一穿着的礼服,是皇帝颁赐的同色不同制、有等级差异的一种服饰,它对后来蒙古族袍服的发展影响深远。

按照参加质孙宴的人的地位，质孙服可分为两类：一类是帝王、大臣、贵族等上层社会的人士所穿的没有"细摺"的腰线袍以及直身放摆结构的直身袍；另一类是在质孙宴上服务于这些上层人物的乐工、卫士等所穿的辫线袍。

质孙服有上、下级的区别和质地粗细的不同。天子的质孙冬服有11个等级，每级所用的原料和选色完全统一，衣服和帽子一致，整体效果十分好，比如衣服若是金锦剪茸，帽子也必然是金锦暖帽；若衣服用白粉皮，帽子必定是白金答子暖帽。天子的质孙夏服共有15个等级，与冬装类同。百官的冬服有9个等级，夏服有14个等级，同样也是以质地和色泽区分。

最早明确记载质孙服的是太宗窝阔台继承汗位时的盛装宴乐，当时的资料写道："全体穿上一色衣服。一连40天，他们每天都换上不同颜色的新装，边痛饮，边商讨国事"。元代时，质孙达到鼎盛，并将其以典章形式载入史册。

成吉思汗每年都要在宫中举行"质孙宴"这种国家级的盛会，文武百官都穿着华丽，前来参加。在质孙宴上，众人从四面八方赶来，换上统一的和皇帝同色的质孙服入席，那场面空前，非常壮观。席间有百戏表演，有音乐歌舞，有美食佳酿。这样隆重的宴会在历史上都是罕见的。

尤其是这些一模一样的质孙服都是皇帝所赐，上面缀

有宝石，可值万钱，而且皇帝不仅是赐一次，赐一件，而是一年要赐13次，每年要赐15000多件质孙服，这也是历史上闻所未闻的。

　　虽然，元代服饰逐渐受到汉服的影响，但是质孙服的地位一直不可动摇。在重大节日时，宫中大摆筵席，赴宴的人都喜欢穿着质孙服，表明自己的高贵和富有。

明代曳撒质孙袍

　　明代内臣、外廷依然有人穿着质孙服，并且融合了汉服的特点，后来的麒麟服、飞鱼服都有它的影子。

　　质孙服是伴随着质孙宴兴起的，"预宴之服，衣服同制，谓之质孙"，它展示的不只是服装，更是元代地跨亚欧的政治实力和雄厚的经济实力。如果没有强大的财力支撑，就不会有质孙宴，更不会有质孙服。

衣服来了

19 皇帝的朝服——龙袍

古人认为，龙是通天神兽，具有特殊的能力与神圣的威严，它能腾云驾雾、兴风施雨、上天入地。龙在中国文化中有着非常重要的地位。从周代开始，历代皇帝都喜欢用龙纹装饰衣服。

大英博物馆里的龙袍

公元1368年，朱元璋在南京登基，建立明朝。他将官员的服饰等级差别系统化，龙袍的形制也开始定型。明代龙袍的特点是盘领、右衽，龙袍以明黄色为主，实际并不局限于明黄色，还有红色、石青色等，只是黄色有禁

忌，限制了其他人的使用，所以人们习惯用黄色代表龙袍的颜色，而皇帝服饰也不仅限于龙袍，还有其他图案款式的服装。

明代以前皇帝的服装还不叫龙袍，称为龙火衣、龙服、华衮、龙章、衮龙服、衮龙袍等。

龙袍因袍身上绣有龙纹而得名，龙袍上的各种龙章图案历代有所变化，但龙的数量一般都为九条，前后身各三条，左右肩各一条，襟里藏一条，正背各显五条，和帝王"九五之尊"吻合。清代龙袍还绣有水脚，即下摆等部位有水浪山石图案，隐喻山河统一之意。龙纹的姿态有着多种多样的表现形式，如正龙、团龙、盘龙、升龙、降龙、立龙、卧龙、行龙、飞龙、侧面龙、七显龙、出海龙、入海龙、戏珠龙、子孙龙等。凡状如行走的龙纹，称为行龙；云气绕身，藏头露尾的龙纹，称为云龙；盘成圆形的龙纹，称为团龙；凡头部呈正面的，称正龙；头部呈侧面的称坐龙；凡头部在上方的称升龙；凡尾巴在上，头部朝下的称为降龙。龙纹之中以正龙纹为最尊。皇帝的龙袍，胸前正中位置，绣正龙表示皇帝的正统地位。亲王的龙纹一般是团龙。

龙袍不仅图案讲究，面料也不是一般材质。历史上，南京的云锦专供皇室使用。清代江宁制造府就专门负责云锦等奢侈品的采购，云锦的编织图案中就有上述龙纹。南京云锦因天上云霞而得名，制造中还要使用特殊的线材，要加入真金线、真银线，还要加入孔雀丝等，织造工艺复杂，一件要织上几年。

衣服来了

龙袍在清代只限于皇帝、皇太子、皇太后、皇后专用。皇子、嫔妃们只能穿龙褂，不能穿龙袍。清代对皇帝龙袍的形式有着明确的规定："皇帝衮服，色用石青，绣五爪正面金龙四团，两肩前后各一。其章左日、右月，前后万寿撰文，间以五色云。春秋棉袷，夏以纱，冬以裘，各惟其时。"

承德博物馆里的龙袍

皇帝的服饰，并非都称为龙袍。清代皇帝服饰就有礼服、吉服、常服、行服、便服、绒服、雨服七大类。龙袍只是其中一个种类，龙袍的穿戴是有场合限制的，一般在重大场合才穿。上朝穿朝服，祭天穿礼服，喜庆活动则穿吉服。

龙袍分量不轻，穿戴费时费力，穿在身上很不舒服。除了礼仪活动、庆典必须穿，日常生活中，皇帝们会远离龙袍，穿上他们舒适的便服。

20 锦衣卫的服装

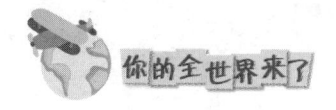

作为皇帝侍卫的军事机构，锦衣卫的主要职能为"掌直驾侍卫、巡查缉捕"，从事侦察、逮捕、审问等活动，也有参与收集军情、策反敌将的工作。其首领称为锦衣卫指挥使，一般由皇帝的亲信武将担任，直接向皇帝负责，可以逮捕任何人，包括皇亲国戚，并进行不公开的审讯。锦衣卫拥有极高的特权。

锦衣卫前身是明太祖朱元璋设立的"拱卫司"，他们很受皇帝的信任，不仅要承担宫廷的守卫责任，还要承担监察百官的职责。虽然他们的官职不高，但实权非常大，因此在服饰上也是与众不同的。

飞鱼服

飞鱼服是历史上锦衣卫常备的服装，这种服饰质地特殊，利用云锦中的妆花罗、妆花纱、妆花绢做成，服饰上有著名的飞鱼纹，"飞鱼"并非会飞的鱼，而是一种幻想出来的生物，是一种近似龙首、鱼身、有翼的虚构形象。飞鱼服衣分上下，两截相连，下有分幅，两旁有襞积。

锦衣卫是皇帝随身的仪仗队和警卫，代表着皇家威严，因此飞鱼服非常华美，大红飞鱼服是这些锦衣卫的标志。不过飞鱼服在锦衣卫里面也不是谁都能穿上的，只有达到一定品阶的人，才能穿这样的衣服。除了锦衣卫外，皇帝还常常会赐给一些武将飞鱼服。

由于飞鱼服没有统一规制，被人大量制造，到了明朝中后期，飞鱼服就已经不再是锦衣卫的标志了，满朝上下有钱有势的人都可以穿，只要在衣服上绣上飞鱼纹即可。

除了飞鱼服外，锦衣卫常穿的还有一种服饰叫蟒服，这种衣服比飞鱼服更加珍贵，地位也更高一些，它并非正常规制的官服。

蟒服上面不纹龙而纹蟒，蟒又分为单蟒与坐蟒，这种服装是皇帝赏赐给特别信任的锦衣卫的一种服饰，除了锦衣卫外，朝中一些受到赏识的重臣也常常会被赐予蟒服，还有皇帝非常信任的宦官，他们也时常是穿着蟒服在皇帝身边服侍。锦衣卫的历史上，真正能拥有蟒服的人没有多少。

除这两种服饰外，还有一种服饰叫斗牛服，它与其他两种服饰在纹饰上有所不同，而是与皇帝常穿的龙衮服较

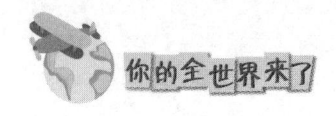

为相似，这就能看出这些衣服的高贵，除锦衣卫外，往往是一二品的高官才能得到这种赏赐的服饰。

蟒服

这三种衣服都是皇帝赏赐的华服，不过最具标志性的还是飞鱼服，其他两种较为少见。

此外，锦衣卫时常佩带的绣春刀，也是他们的一种标志。这种刀设计精巧，实用性特别强，在劈、砍、挑、刺时都具有很强的杀伤力。

锦衣卫与绣春刀堪称绝配，削铁如泥的绣春刀，不仅是一把百炼成钢的宝刀，还是一个承载着华夏文明的历史符号。

21 明清时期的"衣冠禽兽"

在我国古代的服饰制度中，文武百官的官服最能体现封建等级制度。官员的品级不同，服装上的图案纹样也各不相同。透过这些形形色色的花纹图案，我们可以看到古代官职等级制度的缩影。

明清时期，补服是官员的常服，使用频率很高。"衣冠禽兽"是对当时补服制度的一种形象描述，并没有贬义，而是指明清时期官员官服补子上绣的图案，文官绣飞禽，武官绣走兽，即"文禽武兽"。明清时期的官员所用的补子都是方形的，看上去很精美，有织锦、刺绣和缂丝三种工艺。

明代龙补

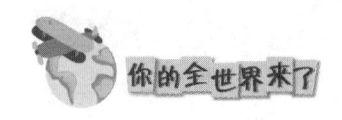

明代的补子各从其父之品以分，尺寸较大，制作精良，以素色为多，底子大多为红色，上面用金线盘成各种图案。文官的补子上绣有双禽，相伴而飞；武官的补子上绣有单兽，有的站立着，有的蹲着。

那么这些补子上的禽兽都是什么动物呢？

《明史·舆服志》记载，洪武二十四年（1391）对补子图案有了详细规定，公、侯、驸马、伯补子绣麒麟、白泽；文官绣禽，以示文明：一品仙鹤，二品锦鸡，三品孔雀，四品云雁，五品白鹇，六品鹭鸶，七品𪃒𪆟，八品黄鹂，九品鹌鹑；武官绣兽，以示威猛：一品、二品狮子，三品、四品虎豹，五品熊罴，六品、七品彪，八品犀牛，九品海马。

这些补子纹样，开始大家还能严格遵守，到了明代中后期，文职官吏还能遵守，武职的品官后期补子都用一品的狮子，也被默许了。麒麟补子原来是公、侯、伯、驸马、一品武官专用，后来锦衣卫到指挥、佥事以上也有用麒麟补子的。到了嘉靖、崇祯时，这种做法被禁止。

到了清代，基本上还延续明代的补服制度。清代的补服与明代略有差别，它比袍短，比褂长，颜色为石青色，所用图案基本相同。与明代的补子相比，清代的补子小而简单，文官绣的是单禽，武官绣的是猛兽，颜色以青、黑、深红等深色为底。

清代除方形补子外，还有圆形补子，圆形补子是皇族专用的。皇子绣五爪正面金龙四团，亲王绣五爪行龙四团，郡王绣行龙四团，贝乐绣四爪正蟒二团。

清代还规定，命妇如果受封，也要用补服。明清时期于品服之外，还有随时依景而制的补服，如：一些舞、乐、工、吏杂职人员也可用杂禽、杂花补子。

清代孔雀补

明清时期的补子是随着官职而存在的，和别的服饰不同，因而受到朝廷的限制，不能大量制作，由此它有着极高的工艺价值和历史价值。

那么为什么要在官服上绣上飞禽走兽，而不是别的呢？有人说大概因为天子是龙，文武百官自然该以禽兽比拟，因此天子的龙袍上绣龙，百官的服饰上自然就该绣各种禽兽，这个理由听上去还是比较合理的。

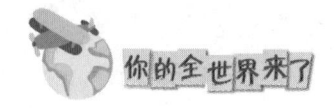

22 清代官员的顶戴花翎

　　清代的文武官员都是身穿补服的,他们除了衣服上的补子不同之外,官帽根据官职品级也各有区别。朝冠所用毛皮质料以貂鼠为贵,其次是海獭,再次是狐,以下的就无皮不可用了,而更主要的是,帽子顶端最高部分镂花金座上的顶珠以及顶珠下的花翎枝不同,这就是清代官员中显示身份地位的顶戴花翎。

乾隆皇帝的薰貂朝冠

　　清代改革冠制,官员们都戴礼帽。礼帽分两种,一种

是暖帽，圆形，有一圈檐边，大多是用皮、呢、缎、布制成的，颜色多用黑色，中间有红色帽纬，帽子最高处有顶珠，顶珠多用宝石制成。按照清代的礼仪，一品为红宝石，二品为珊瑚，三品为蓝宝石，四品为青金石，五品为水晶石，六品为砗磲，七品为素金，八品为阴纹镂花金，九品为阳纹镂花金。各品之间顶子的颜色也不同，一品和二品顶子趋向于红色，三品和四品趋向于蓝色，五品和六品趋向于白色，七、八、九品趋向于金色。另一种是凉帽，无檐，喇叭式，用藤、篾席、麦秸等编成，外裹绫罗，多为白色，也有湖色、黄色，上缀红缨顶珠。没有官品的人戴的帽子上面没有顶珠。

清朝官员的顶戴花翎

雍正八年（1730），更定官员冠顶制度，以颜色相同的玻璃代替了宝石。到了乾隆以后，这些冠顶的顶珠，基

本上都用透明或不透明的玻璃代替了，称作亮顶、涅顶。如，称一品为亮红顶，二品为涅红顶，三品为亮蓝顶，四品为涅蓝顶，五品为亮白顶，六品为涅白顶。至于七品的素金顶，也被黄铜所代替。

在顶珠之下，有一枝两寸长短的翎管，用玉、翠或珐琅、花瓷制成，用以安插翎枝。翎有蓝翎、花翎之别。蓝翎用鹖羽制成，蓝色，羽长而无眼，比花翎等级低。花翎是带有"目晕"的孔雀翎。"目晕"俗称为"眼"，在翎的尾端，有单眼、双眼、三眼之分，翎眼越多越尊贵。

清朝初期，宗室爵位分为十二等，亲王、郡王、贝勒是前三等，不戴花翎。皇室成员中爵位低于亲王、郡王、贝勒的贝子和固伦额附（即皇后所生公主的丈夫），有资格享戴三眼花翎。清朝宗室和藩部中被封为镇国公或辅国公的亲贵、和硕额附，有资格享戴二眼花翎。五品以上的内大臣、前锋营和护军营的各统领、参领（担任这些职务的人必须是满洲镶黄旗、正黄旗、正白旗这上三旗出身），有资格享戴单眼花翎。

蓝翎是与花翎性质相同的一种冠饰，又称为"染蓝翎"，以染成蓝色的鹖鸟羽毛所作，没有眼，赐予六品以下、在皇宫和王府当差的侍卫官员享戴，也可以赏赐建有军功的低级军官。

顶戴花翎在清朝是为官的象征，是很多人穷其一生追求的所谓"功名"。官员有功时，可以赏顶戴花翎，如果官员违法，顶戴花翎是要收回的。

衣服来了

23 把鱼皮穿在身上

人类早期的服装是树叶和兽皮，那是居住在森林和草地的人们就地取材的结果。那么生活在大江大河边的人们又用什么样的制衣材料呢？聪明的赫哲族人就把鱼皮穿在了身上，这种用鱼皮做成的衣服叫作鱼皮衣。

赫哲族是我国东北地区的一个历史悠久的民族，主要分布在黑龙江、松花江、乌苏里江交汇的三江平原和完达山余脉，人口只有五千多。

制作鱼皮衣的鱼皮

鱼皮衣是赫哲族最具特色的服饰，也是赫哲族文化的重要组成部分，反映了这个民族的历史和信仰，起着族徽的作用。

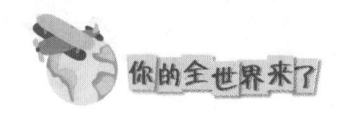

赫哲族最喜欢的"衣料"来自大马哈鱼，这种鱼的鱼皮纹理和颜色都很漂亮，而且韧性十足。但是大马哈鱼是洄游性鱼类，不能随时随地抓来，所以他们有时只能选取鳇鱼、鲤鱼、鲇鱼、白鱼、鲢鱼等来代替。

赫哲族具有很高的糅制鱼皮的技艺。糅制鱼皮首先要把鱼皮剥下来，一般先把要剥皮的鱼稍稍控水，擦掉黏液，去掉头尾，用钢刀把鱼的脊背从头到尾划开，再用木刀将鱼皮鱼肉慢慢剥离，把两面的鱼皮剥至腹部时，用手使劲把鱼皮撕下来，保持鱼皮的完整性。然后再将鱼皮铺好，刮净里面的鱼肉和鱼油，刮去外面的鱼鳞，撑开放在木板上阴干。之后，把晾干的鱼皮一张张卷起来，经过防潮、防腐和防虫处理并进行鞣制。鞣制鱼皮的过程和从前用棒槌洗衣服类似，用一只手拿鱼皮，另一只手拿木槌，反复捶打、翻动、揉搓，直到鱼皮柔软，泛出白色，这时鱼皮就像棉布一样柔软了。

赫哲族缝制衣服的针也来自鱼，是鳌花鱼的肋骨刺。这种鱼刺坚硬且韧性强，一般生取下来，磨成针状，在粗的一头钻个孔，就做成了缝衣针，既简单又方便。新中国成立前赫哲人家普遍都使用这样的针。同时，他们选择韧性强、弹性好的"胖头鱼"的鱼皮来做"鱼皮线"，他们会把一头要抻细一些，这样便于穿针引线。有了针和线，就可以把准备好的鱼皮按颜色深浅、鳞纹大小筛选出来，将其拼缝成大块鱼皮布，最后做成衣服。

衣服来了

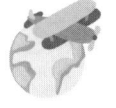

鱼皮衣

赫哲族的每一位妇女都要熟练地掌握这一套加工流程，她们还根据自己的喜好，用一些野花给鱼皮染色。有时还会将衣服的领子、袖头绣上或镶嵌各种云纹、花朵，做出的衣服十分漂亮。

赫哲族的鱼皮裤裤型肥大，最早只有两个裤管。男子打猎和捕鱼时，套在外面，系上带子就可以了。鱼皮裤防水又结实，不只男子穿，女子也常穿着它上山拾柴、挖野菜，非常实用。

随着时代的发展，赫哲族服饰的质料发生了深刻的变化，棉布、毛呢等现代机织面料，走进了他们的视野。而过去的那种民族服饰，只有在博物馆的陈列展览中才可以找到。

赫哲族人精美的鱼皮衣款式和精湛的鱼皮鞣制技艺，是我国民族服饰文化中的一朵奇葩。

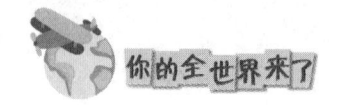

24 被誉为国粹的旗袍

旗袍是我国和世界华人女性的传统服装,被誉为中国国粹和中国女性的国服。虽然其产生的时间至今还存有很多争议,但它仍然是我国悠久的服饰文化中最绚烂的形式之一。

有人认为旗袍可以追溯到先秦两汉时期的深衣;有人认为旗袍是民国初期女子为寻求思想的独立和女权的解放,效仿男子穿长袍形成的;有人认为旗袍改于满族妇女的旗装,但旗袍并不是旗装。

着旗袍的女子

不管旗袍源自哪里,在20世纪20年代后,它已经成为我国最普遍的女子服装,并且在1929年被中华民国政府确定为国家礼服之一。

20世纪20年代的旗袍宽大平直，与当时流行的倒大袖相呼应，下摆比较大，整个袍身呈"倒大"的形状，但肩、胸乃至腰部，已经很合身。当时旗袍的式样有长旗袍、短旗袍、夹旗袍、单旗袍等。

自20世纪30年代起，旗袍几乎成了我国妇女的标准服装，甚至成为了交际场合和外交活动的礼服。民间妇女、学生、工人、达官显贵的太太都穿旗袍。后来，旗袍还传到国外，一些外国女子也开始穿旗袍。

20世纪30年代末出现了"改良旗袍"。旗袍的裁法和结构更加西化，胸省和腰省的使用使得旗袍更加合身，同时出现了肩缝和装袖，旗袍肩部和腋下也变得合体了。有人还使用较软的垫肩，这些裁剪和结构上的改变，都是在上海完成的。

20世纪30年代和40年代是旗袍的黄金时代，也是近代中国女装最为辉煌灿烂的时期。这时的旗袍造型纤长，与当时欧洲流行的女装廓形相吻合，并且已经完全跳出了旗女之袍的局限，成为一种"中西合璧"的新服式了。

旗袍至此成熟和定型，此后的旗袍再也跳不出20世纪30年代旗袍所确定的基本形态，只能在长短、肥瘦及装饰上做些文章。全世界女性们所钟爱的旗袍，就是以这时的旗袍为典型的。

从20世纪20年代初至20世纪40年代末，中国旗袍风行了20多年，款式几经变化，如领子的高低、袖子的短

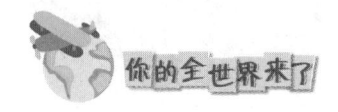

长、开衩的高矮，使旗袍彻底摆脱了老式样，改变了中国妇女长期以来束胸裹臂的旧貌，让女性体态美和曲线美充分显示出来。

各种花色的旗袍

直到1984年，旗袍被国务院指定为我国女性外交人员的礼服，旗袍越来越多地出现在我国举办的大型体育盛会或国际会议上。如1990年北京亚运会、2008年北京奥运会、2010年上海世博会等。

国外也有不少设计大师以旗袍为灵感，推出了有国际风味的旗袍，甚至是中国旗袍与欧洲晚礼服结合的产物。

随着人们对中国传统文化重视程度的增加，旗袍也更加被视为中国传统文化的象征之一。

25 清代和民国时期的长袍马褂

长袍马褂是在清代和民国时期流行时间比较长、穿着人数比较多的一种男装，在民国元年被列为男子常礼服之一，是这一时期男装的主要款式。

长袍是大襟右衽、平袖端、盘扣、左右开裾30厘米的直身式袍，长到脚踝以上6厘米。这种没有马蹄袖端的袍式服饰在清代原属于便服，称为"衫"或"袄"，又俗称"大褂"，到了民国时期作为礼服所用者一概称为"袍"。礼服之袍统一用蓝色面料，纹饰都是暗花纹，不做彩色织绣图案。

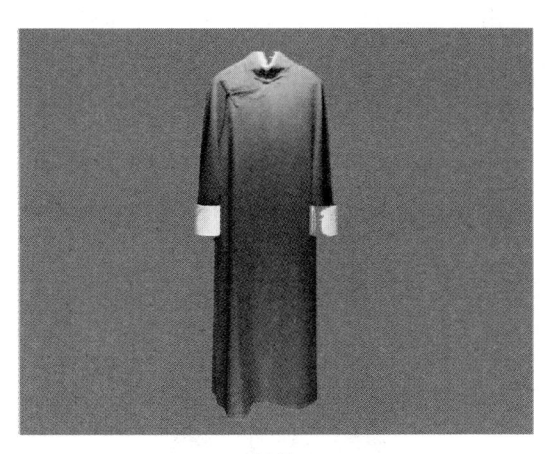

长袍

马褂是一种穿于袍服外的短衣，对襟、平袖、盘扣，

衣长至腰，袖仅到肘，前襟缀五枚扣襻，统一使用黑色面料，织暗花纹，不做彩色织绣图案，因穿着便于骑马而得名，原本只是满族骑马时穿着，后来逐渐成为日常穿着。

清代初期，马褂为一般士兵穿着，至康熙时期，富家子弟也有穿着。雍正后，马褂已非常流行，并发展成单、夹、纱、皮、棉等多种款式，成为男式便衣，士庶都可穿着。之后又逐渐演变为一种礼仪性的服装，没有身份限制，都把马褂套在长袍之外，显得文雅大方。清末时，内穿长袍或长衫、外套黑色暗花纹对襟马褂俨然已经是社会主流的"正装"。

马褂的基本式样主要有四种，分为对襟马褂、大襟马褂、琵琶马褂和翻毛皮马褂。

马褂为外衣，虽然清晚期乃至民国时期，马褂的穿着和搭配方式也多种多样，但其始终作为外套，罩在其他衣服的外面。

马褂

长袍除了作为礼服要用蓝色，做便服时颜色没有限制，而马褂不同，在清代，马褂的颜色有严格的限制，尤其是黄色，不能随便用。

那么哪些人能用黄色呢？清代黄马褂的穿着者基本上有两类。一类是皇帝身边的扈从人员，另一类是来自皇帝赐穿。因任职而准穿的黄马褂，也称"任职褂子"，任职一旦解除则不能再穿。皇帝赏赐黄马褂者还有"赏给"和"赏穿"之分。

赏赐的黄马褂只能在特定时间穿。比如，赏黄马褂给狩猎行围时击中目标者的也称"行围褂子"，只赏赐一件，且只能在行围时穿着，平时不能穿；而赏穿黄马褂者则不受此限，用以奖赏立有卓越功勋的官员，也称"武功褂子"，可随时穿着，并可以依式自制。两种黄马褂略有区别，凡职任或行巡时所穿的职任黄马褂、赏给黄马褂的纽襻是黑色的；而因军功赏穿的黄马褂的纽襻是黄色的，这种要比前者更为难得，也就更加珍贵一些。清代许多官员都得到过黄马褂，比如李鸿章、曾国荃、荣禄等人。

1929年，国民政府公布的《服制条例》再次将蓝长袍、黑马褂列为"国民礼服"。

在这一时期，长袍马褂受到新派知识分子的喜爱，当时，穿长衫戴眼镜成了这部分人的标配。后来由于中山装的流行，长袍马褂渐渐淡出了历史舞台。

26 中山装的由来

中山装是中国现代服装中的一个大类品种，是在辛亥革命后流行起来的。它是以中国革命先行者孙中山的名义命名的男士套装，在很长时间里一直是中国男装一款标志性的服装，尤其在20世纪六七十年代，有上亿中国成年男性穿着这种服装。

那么中山装是怎么产生的呢？

孙中山着中山装的照片

1919年，孙中山先生在上海居住期间，请上海亨利服装店将自己从日本带回的一套日本陆军士官服改成便服，留作自己穿用。他在做临时大总统时就穿着这套服装。由于孙中山在海内外的知名度，这种服装渐渐流行起来。它的款式吸收了西方服装的优点，改革了传统中式服装宽松的结构，具有造型简约，穿着简便、舒适、挺阔、严肃庄重的特点。既可以做便服，又可以做礼服。

据说当年孙中山在设计服装时，把许多治国的理念融入设计中，因此中山装不同于一般的服装。当年孙中山先生要求按照中国传统把该服装的领子改成直翻领，以显示严谨治国的理念。同时，显示出东方人的气质与风度。他还根据国之四维即礼、义、廉、耻确定了上衣前襟要有四只明口袋，左右上下对称，两只小贴袋盖做成倒山形笔架式样，可以装进钢笔，显示出革命需要重用知识分子。最初设计的中山装背面是有缝的，后背中腰有节，上下口袋都有"襻裥"，后来经过改进，变成了关闭式八字形领口，后背变成整块无缝，表示国家和平统一的重要性。扣子也由原来的七颗改为五颗，代表当时的五权宪法。袖口还钉有三颗纽扣，可开衩钉扣，也可开假衩钉装饰扣或不开衩不钉扣。裤子也设计成三只口袋，两个侧口袋和一个带盖的后口袋。

中山装在工艺上可以分为精做和简做。精做时要加夹里和衬垫，一般用于礼服，要和裤子配套穿用。如果作为便服，可以不加衬料。

中山装的色彩很丰富，除常见的蓝色、灰色外，还有驼色、黑色、白色、灰绿色、米黄色等。一般来说，在南

方地区，人们偏爱浅色，在北方地区，人们则偏爱深色。在不同场合穿用，对其颜色的选择也不一样，做礼服的中山装色彩要庄重沉稳，而做便装的色彩可以鲜明活泼。作为礼服使用的中山装面料要求挺阔、棱角分明，多用平素色，常选用纯毛华达呢等。

周恩来同志穿过的中山装（复制品）

1925年，广州革命政府为了缅怀孙中山先生的历史功绩，传承他的治理方略，将他倡导的服装命名为"中山装"，中山装也成为国民革命的象征。

我们伟大领袖毛泽东主席在新中国成立后的许多场合都穿着中山装，现在我国国家领导人在出席国内外一些重要活动时仍习惯穿着中山装。

㉗ 源自苏联的列宁装和布拉吉

新中国成立前后,我国和苏联建立了良好的关系。苏联的服装、语言、食品等都传到了中国,对我国人民的生活产生了很大影响。其中列宁装和布拉吉就是这时传到我国的,并且在20世纪50年代流行一时。

列宁装因列宁在十月革命前后常穿而得名。开始它本来是男装上衣,在中国却演变出女装,并成为与中山装齐名的革命时装。穿上"列宁装"这种公认的"苏式"衣服,显得既形式新颖又思想进步,"列宁装"一时成为政府机关女干部的典型服装。

列宁装

列宁装的式样为西装开领、双排扣、斜纹布,有单衣

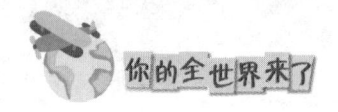

也有棉衣，双襟中下方均有一个暗斜口袋，腰中束一根布带，各有三颗纽扣。列宁装或多或少带有装饰性元素，比如，双排纽扣、大翻领和腰带，其中，腰带有助于女性身体线条的凸显。

从延安时期开始，女干部们就逐渐流行灰布列宁装。夏有单衣、冬有棉衣，统一制作发放。在当时的革命岁月里，列宁装代表一种时代精神，投身革命的女性一穿上列宁装，就塑造出一个"女干部"的形象。

新中国成立后，追求革命进步的城市女性不再穿着旗袍，沉稳厚重、中性化的列宁装统领了新中国成立初期的服装市场，成为当时无数中国女性最崇尚、青睐的"时装"，穿列宁装、留短发是那时年轻女性的最时髦的打扮。列宁装在新中国成立之初是党政机关和基层工作人员、国营企业工作人员与要求上进者常穿着的服装。

从苏联传过来的服装不只有列宁装，还有一种服装是布拉吉。布拉吉是俄语"连衣裙"的意思。布拉吉是苏联女英雄卓娅就义时所穿的衣服，因此成为一种革命和进步的象征。在20世纪40年代的苏联，许多女孩子都喜欢穿这种连衣裙。20世纪50年代起，布拉吉开始在我国广泛流行，成为我国部分中、青年女性，尤其是文教界女性夏季的日常服装。

布拉吉的款式非常简单，通常是泡泡短袖、褶皱裙，布料多为碎花或格子，样式有束腰型、直身型和马甲型等，与上身相连的下裙有细褶裙、喇叭裙等，有的还有一条漂亮的裙带，它的裙摆适中，不会太长也不会太短，一般可以露出小腿，穿起来年轻又洋气，而且在当时代表着某种进步意义，因而深受欢迎。

布拉吉

列宁装和布拉吉这两种服装虽然是舶来品，可是它们为我们记录了那个时代，现在我们从一些年代剧中仍然可以看到它们的影子。在年长的几代人中几乎没有人不知道这两种服装，可见它们已深深地根植于人们的记忆深处。

28 饱受争议的喇叭裤

喇叭裤，顾名思义就是裤腿呈喇叭状的裤子。它的特点是：低腰短裆，紧裹臀部，裤腿上面窄下面宽，裤管从膝盖以下逐渐张开，裤口的尺寸明显大于膝盖的尺寸，整体形成喇叭状。它借鉴了西裤，比西裤立裆稍短，臀围稍小，臀部及中裆（膝盖附近）部位非常合体，裤口逐渐放大。按裤口放大的程度，喇叭裤可分为大喇叭裤、小喇叭裤及微型喇叭裤。喇叭裤的长度一般要能覆盖住鞋面。小喇叭裤的裤脚口比中裆略大，约为25厘米。大喇叭裤的裤脚口，有的竟在30厘米以上，穿着起来像把扫帚在扫地，因而引起一些人的质疑。

穿喇叭裤的水手

衣服来了

　　据说喇叭裤是西方水手的发明。因为水手常年在甲板上工作，靴筒经常被溅水，所以就用宽大裤脚罩住靴筒避免水花溅入。喇叭裤在1960年成为美国时尚的穿着，后来被"猫王"推向了时尚巅峰，随后流传到日本和港台。随着日本和港台电影在内地的流行，开始风靡大陆。

　　喇叭裤的传入与当时风靡中国的两部日本电影有关。一部是《望乡》，扮演记者的栗原小卷面容清秀，气质高雅，身材高挑，电影中她穿的那条白色喇叭裤让无数少女心生羡慕；另一部是《追捕》，片中矢村警长戴着墨镜，留着长鬓角、长发，身上也穿着一条上窄下宽的喇叭裤。这两条喇叭裤起到了时尚引领的作用。

　　改革开放后，喇叭裤是最早进入我国的流行款式，被称为中国时尚界最初的冒险。因此从服装史的角度讲，喇叭裤自有其先入为主的意义，在那个时期，穿喇叭裤就意味着时尚，和它配套的还有手提一部录音机和脸上戴一副蛤蟆镜。但这种穿着在当时似乎被认为是一种不良少年或少女的衣着。

　　喇叭裤和当时人们穿惯了的多少年一成不变的直筒裤形成了巨大反差，穿喇叭裤甚至被上升到政治的高度，着装者被视为"追求资产阶级生活方式"，当时有一些喇叭裤遭遇过被剪开裤脚的命运。但是以当时的标准看，喇叭裤确实是一种具有创新意义的裤型，穿在身上比那些又肥又大的直筒裤也漂亮了许多。

　　到了20世纪80年代以后，这种最受争议的服装，最

终被人们接受，而且竟然成了风行一时的主流裤型。

喇叭裤刷新了人们对服装的旧观念，给当时的传统服装带来了新的冲击，打破了人们当初对服装认识上的禁锢，它给多元化的服装时代埋下了伏笔。

穿喇叭裤的年轻人

20世纪90年代以后，喇叭裤在造型上不再夸张——裤口较之以往要小一些，臀围处收拢但不像之前那么紧，整体造型更加自然流畅。

喇叭裤的出现反映了一个时代的躁动和当时年轻人的一种反叛心理，同时也保存了人们关于改革之初最朴素、最真实的记忆。

29 古代服色有讲究

服装的三要素包括服装的材质、颜色和式样，其中，颜色对于服装是一个很重要的元素。我国古代对服装颜色就很有讲究，比如"白衣""黄袍""乌纱帽"，等等，不同的色彩有不同的含义。

明代蓝色暗花纱缀绣仙鹤方补袍

在我国古代，颜色被分为正色和间色两类，且不能混用，因为正色代表尊贵，而间色代表贫贱。正色是指青、赤、黄、白、黑，间色是指绀（红青色）、红（浅红色）、缥（淡青色）、紫、流黄（褐黄色）5种正色混合而成的颜色。

不同时期，统治阶级对颜色有不同的认识，因此要求

也不同。秦代以黑色为尊，因为秦始皇认为对自己有利的五行是水，水对应着黑色，所以帝王和百官都穿黑色衣服。

汉灭秦后逐渐以黄色为最高级的服装颜色，皇帝穿黄色衣服。唐代时，宫廷下令，除皇帝以外，官员一律不许穿黄色衣服。宋太祖赵匡胤有"黄袍加身"的做法。直至末代皇帝溥仪那时，仍然保留着穿明黄色的做法。

明光宗身着黄十二团十二章绣衮龙袍

此外，朱、紫也是非常显贵的颜色。山顶洞人就曾用赤铁粉末来染红顶饰的带子。在周代，大红是贵族才能用的颜色，红色的裙子被看作贵气无比。后来由于染色技艺发展，紫色服装受到人们的青睐。春秋时期，齐桓公爱穿紫色服饰，没想到引领了时尚风潮，一时间国人竞相模仿，纷纷抢购紫色布帛。到了唐代，唐太宗规定官服颜色

等级时，也把紫色排到了前面，规定三品以上服紫，四品、五品服绯，六品深绿，七品浅绿，八品深青，九品浅清。

绿色这种与春天和自然紧密相连的色彩，本是充满生命活力的，用在官服中却是表示官阶较低。到了元明时期更是有了屈辱的含义，元代、明代规定，娼妓之家家长，并亲属男子裹青巾，伶人服绿色巾，至此青与碧绿为一色系，均为贱色。

黑色和白色相比，地位似乎要高一些，黑色在周代和西汉时期，是卿大夫服装的颜色，在其他朝代，有一些特殊的部门用黑色做公职人员的服装颜色，比如乌纱帽。白色在现代人的眼中是纯洁的象征，被用到婚纱上，但是在我国古代，白色却是不太讨喜的。

我们现在来看，各种颜色实际上并没有高低贵贱之分，只是受到当时统治阶级等级观念的影响，增添了一些附加意义而已。

30 内衣自古就有

我国内衣的历史源远流长,先秦时就有关于内衣的记载。周代妇女所穿的内衣叫亵衣,又叫作相服,直到南北朝时,仍沿用这种叫法。男子所穿的内衣叫衷衣,又叫作泽,因为贴身吸汗,到了汉代,又被称为汗衣。

秦汉时期称内衣为抱腹、心衣。抱腹"上下有带,抱裹其腹",因此得名。抱腹上端不用细带子而用"钩肩"及"裆"就成为心衣。抱腹和心衣都是袒露背部的,没有后片。布料一般采用平织绢,并且用各种丝线在上面绣成图案。

抱腹

魏晋时期出现一种既有前片,又有后片的内衣,可以遮挡胸部,也可以遮挡背部,这种衣服叫裲裆,后来演变成一种背心，不分男女都可以穿着。一般使用手感厚实、色彩丰富的织锦，做成双层，里面有衬棉。穿着舒适，冬暖夏凉。它本是北方游牧民族的服饰，后来传入中原。

唐代以前内衣的肩部都缀有带子，到了唐代，出现了一种无带的内衣，称为诃子。女子们穿着"半露胸式裙装"时，将裙子高束在胸际，然后在胸下部系上一条阔带，两肩、上胸及后背袒露，外披透明罗纱，内衣若隐若现。这样的穿戴，内衣必须是无带的。诃子常用的面料略有弹性，手感厚实。

宋代，妇女的内衣还流行过抹胸，这是一种"上可覆乳，下可遮肚"的小衣，因而又被称为"抹肚"，用纽扣或带子系结。平常人家一般用棉制品，俗称土布，贵族人家用丝织品并在上面绣上花卉。有单的，也有夹的，形式不一。

金元时期的内衣称为"合欢襟"。穿时由后及前，在胸前用一排扣子系合，或用绳带等系束。合欢襟的面料用织锦。

明代，妇女贴身多穿主腰，这种内衣是开襟的，两襟各缀有三条襟带，肩部有裆，裆上有带，腰侧还各有系带，如果将所有襟带系紧，就会形成明显的收腰。可见明代女子已懂得凸显身材之美。简单的主腰仅以方帛覆于胸间，复杂的则开有衣襟，钉有纽扣，像背心一样，有的还有衣袖，如同半臂。

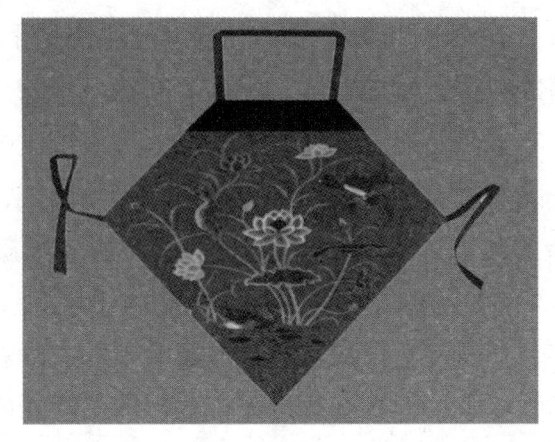

肚兜

明清时期的内衣还有肚兜，通常以柔软的布帛做成，整体呈菱形，上端裁成平形，形成两角，左右两角各缀以带，使用时上面一根带子系结在颈部，左右两带系结在背上，最下的一角遮盖腹部，不分男女都可穿着。但妇女与童子所穿多用鲜艳的颜色，并在上面刺绣。童子为辟不祥多数绣虎，妇女多绣有美好寓意的莲生贵子等图案。老人用双层的，中间絮有棉絮，有的还贮有药物用来治病。材质以棉、丝绸居多。系束用的带子并不局限于绳，富贵之家多数用金链，中等之家多用银链、铜链，小家碧玉则用红色丝绢。

古代的内衣具有浪漫的情怀和精美的技艺，是我国服饰艺术史上不可或缺的一部分。

31 我国古代的丧服制度

我国古代对生养死葬都非常重视，因此有一套严格的丧服制度。丧服的制定主要考虑宗族关系，但在西周、春秋，君统和宗统往往是一致的，所以还规定了诸侯为天子，大夫、士、庶人为君（此指诸侯），公、士、大夫之众臣（仆隶）为其君（此指主人）的不同丧服。

影视作品中着丧服的场景

后世帝王去世，在一定时间内，国内禁止婚娶和一切娱乐活动，全体臣民都要为之服丧，称为国丧。奴仆为主人服丧，也被看作是天经地义的事。

《仪礼·丧服》所规定的丧服，由重至轻，有斩衰、齐衰、大功、小功、缌麻五个等级，称为五服。五服分别适用于与死者亲疏远近不等的各种亲属，每一种服制都有特定的居丧服饰、居丧时间和行为限制。

斩衰之服的丧期是三年，但并非三个周年，只要经过两个周年外加第三个周年的头一个月，就算服满三年之丧，所以实际上是二十五月而毕。

古代，诸侯为天子，臣为君，男子及未嫁女为父母，嫡孙为祖父母，妻妾为夫，均服斩衰。丧服用最粗的生麻布制作，断处外露不缝边，表示哀痛之深。

齐衰是次于斩衰的第二等丧服，服期分为三年、一年、五月、三月，丧服以稍粗的麻布制作，断处缉边。父卒为母，为继母，母为长子，服三年；父在为母，夫为妻，服期一年；男子为伯叔父母、为兄弟，已嫁女子为父母，孙、孙女为祖父母，服期一年；为曾祖父母，服期五月；为高祖父母，服期三月。

影视作品中着丧服的场景

大功的丧期为九个月，丧服为布衰裳，牡麻绖，冠布缨、布带、绳屦。这里的布是指稍经锻治的熟麻布，较齐衰用的生麻布细密。妇女不梳髽，布亦用熟麻布。丧服以稍粗的熟布制作。例如：妻为夫之祖父母丧，父母为众子妇丧，有大功之服。丧服为布衰裳。

小功丧期为五个月，其服饰是布衰裳，澡麻带，绖、冠布缨，吉屦无绚。小功所用的麻布较大功更细，丧服以稍粗的熟布制作。例如：已身为伯叔祖父母、堂伯叔父母丧，妻为夫之伯叔父母丧，有小功之服。吉屦即日常所穿的鞋，小功是轻丧，不必专备服丧用的鞋，吉屦去绚即可。

缌麻丧期仅为三个月。当时用来制作朝服的最细的麻布每幅十五升，如抽去一半麻缕，就成为缌。因为其细如丝，正适宜用作最轻一等的丧服。丧服以稍细的熟布制作。例如：已身为族伯叔父母丧，为妻之父母丧，有缌麻之服。

对斩衰三年、齐衰三年、齐衰杖期、齐衰不杖期、大功、小功的丧服，还有受服的规定，也就是在居丧一定时间后，丧服可由重变轻。三年之丧，其间受服五次，大功、小功丧期较短，仅受服一次。

丧服制度可以达到凝聚宗亲感情，建立人伦秩序和巩固社会制度的作用。

32 唐代的借服制度和赐服制度

在唐代，什么官职穿什么颜色的官服有明确的规定。唐太宗贞观年间，三品以上服紫色，四品服绯色，五品服浅绯色，六品服深绿色，七品服浅绿色，八品服深青色，九品服浅青色，流外官及庶人用黄色。唐高宗时，正式规定黄色是皇家专属颜色，别人不得穿着。

唐太宗李世民画像

在唐代，官员们请朱紫之服，必须经过朝廷的严格考核，根据官员的具体状况区别对待，够资格才能授予。如文武官加阶应入五品者，并须出身历十二考以上，无私犯进阶之时，见居六品官及七品以上清官者；其应入三品者，取出身二十五考以上，亦无私犯进阶之时，见居四品官者。

　　章服制度，虽然等级分明，但也有变通，可以借服。通过借服，品级较低的官员可以合法地穿更高级别的服色。开元时期，驸马都尉从五品者借用紫、金鱼袋，都督、刺史品卑者借用绯、鱼袋，五品以上检校、试、判官都佩鱼袋。从此百官赏绯、紫，必兼鱼袋，称为章服。当时服朱紫、佩鱼袋的人就非常多了。

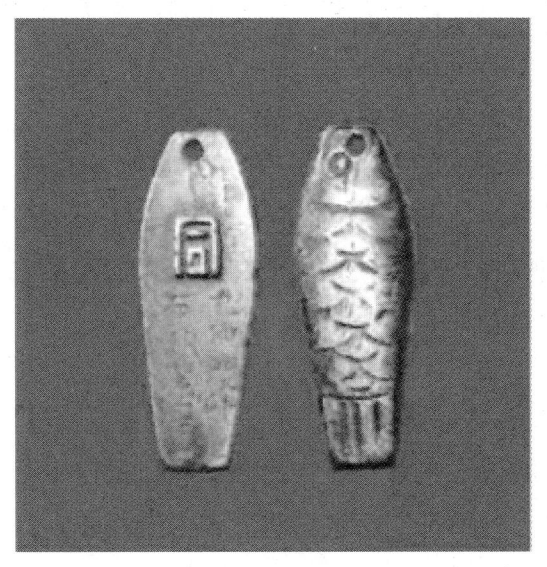

鱼袋

　　唐玄宗时期规定：朱紫贵服是按官级定的，如果不是有德有功，不可轻为赏借。禁止诸军随意赏赐借绯紫。绯紫之服是赏给有功之臣的，各军节度大使，即使有功劳

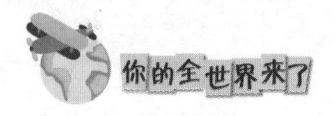

的，赏赐的时候也要仔细考虑，如果是借色及鱼袋，必须上奏待批准。

赐紫和赐绯是唐代皇帝对属下重要的奖赏制度，主要是赐予业绩优异者。赐紫的对象很广，文武官员、僧道、宦官等皆可能被赐。

赐色之外，更有赐服，唐代历朝天子都或多或少有过赐服举动，只是规模大小不同而已。对于皇帝而言，赐服只是利用臣子对御赐章服的艳羡心理，将服饰的实用功能与奖罚机制联系在一起，以巩固统治，而促成皇帝赐服的动因，有国家运转的需要，张大国威的要求和笼络权贵的必要，亦有官员自身的因素。

那么在唐代，哪些情况皇帝会赐服呢？

能政赐服，官员为官一方，造福当地百姓，尽心尽力，政绩突出，被皇帝知晓后，皇帝往往会赐服给他。

忠诚赐服，对于效忠天子的那些大公无私之士，朝廷也会大张旗鼓地表彰、奖励，促使更多人效仿。

异才赐服，官员有与众不同的才能，获得皇帝赏识，也会被赐服。

颁赐的仪式由皇帝在官员谢恩当日亲自授予，这对于官员们是一种特殊的荣耀。对于得到的赐服，官员们一般视若珍宝，爱惜备至。

统治者在唐代就是通过这样的借服、赐服制度来笼络人心，加强中央集权的统治的。

33 我国古代官员的佩饰

自古以来佩饰便与服装紧密相依，与人类文明并行不悖，承载着深厚的文化底蕴与历史变迁。远溯至鸿蒙初辟，古人便以狩猎所得之动物獠牙、斑斓贝壳及晶莹石子，作为勇敢与辟邪的象征，佩戴于身。岁月流转，佩饰也渐趋繁复，尤其是官员之饰，更加考究。今天，我们就来看一看我国古代官员都有哪些佩饰呢？

玉，这一诞生于七八千年前的瑰宝，以其温润的质地与不凡的价值，成为官员身份与地位尊贵的标志。西周以来，佩玉制度蔚然成风，帝王、公侯、大夫乃至世子、士人，各有定制不同的专属之玉，他们用色彩斑斓的丝绳串联起白玉、山玄玉、水苍玉等，不仅彰显了森严的等级，更蕴含了对自然之美的崇敬。唐代以来，玉带成为古代官场礼服的重要组成部分，在正式的冠服制度体系中具有等级、礼仪功能。

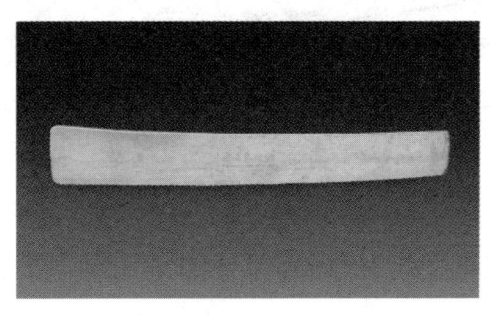

笏板

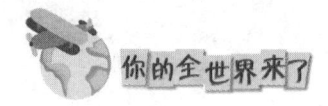

此外，持笏之习也盛行于古代官场。笏，通常为玉、象牙、竹木等材质制成，形状狭长而平，一端略宽，便于书写或记录。在那个没有现代记录设备的年代，笏板成为官员记录政令、思考决策、交流思想的重要工具。笏板既是朝见皇帝时的记事工具，更是权力与礼仪的双重体现。笏板平时插于朝服大带之中，下属面见长官需双手捧至鼻尖，以示毕恭毕敬，这一细节，生动刻画了古代官场的庄严与秩序。

官印之佩，更是官员身份的直接证明。战国时就有张仪佩六国相印之说，汉时佩印成制，官员需随身携带官印，百官上朝理政，皆需佩印。这不仅仅是一种形式上的装饰，更是对官员身份的一种确认与尊重。官印通常由珍贵的材料制成，如金、银、铜等，不仅体现了官员的品级高低，也反映了当时社会的等级制度。悬于腰间色彩斑斓的官印绶带不仅区分了官位品级，更在编织的精细中透露出官员职务的差异。

花翎

唐宋时期，还有"佩鱼"之制，五品以上官员皆佩鱼

袋，金色银色，熠熠生辉，不仅彰显了身份的尊贵，更寄托了对仕途顺遂的美好祈愿。及至清代官帽上的花翎与宝石，更是将权力与地位展现得淋漓尽致，一眼、两眼、三眼孔雀翎，以及红宝石、珊瑚、蓝宝石等顶珠，无一不诉说着官场的等级森严与荣耀辉煌。

古代官员的佩饰，不仅仅是服饰的点缀，更是权力、地位、品德与文化修养的综合体现，它们以独特的艺术语言，讲述着封建社会的兴衰更迭与审美变迁，成为连接历史与现实的桥梁。冠冕之尊，玉带之贵，绶带之色，每一处细节都蕴含着丰富的文化内涵与礼仪制度，让我们在欣赏其华美之余，更能深刻感受到古代中国的文化底蕴与精神追求。

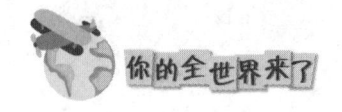

34 独一无二的中国丝绸

在中外服装发展史上，人们对于东方服饰的记忆很多时候都停留在中国丝绸上。这种富有光泽，手感滑爽，轻柔适体的高级服饰用料，大家对它过目不忘。

我国是用桑蚕丝织绸最早的国家，自古即以"丝国"闻名于世。现代已有多种化纤用于织造绸类产品，但中国传统丝绸仍受各国人民欢迎。

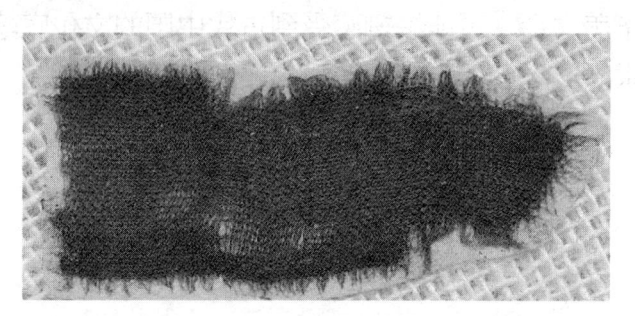

浙江湖州钱山漾遗址出土的丝绢残片

我国考古工作者曾在山西夏县西阴村仰韶文化遗存中发现过半个蚕茧，这证明中国传统丝绸的生产不迟于新石器时代。

西周及春秋战国时期，多个地方都能生产丝绸，丝绸的花色品种很丰富，绢、罗、绮、锦等轻薄织物均已出现。

汉代丝绸有较大发展，复杂的提花织机已基本定型。

国家重视蚕桑，设官管理，设官织室，并从事国内外丝绸贸易。

唐宋丝绸进一步发展。唐开元时，丝织以河南为首，安史之乱后，江南丝业大兴。至宋，丝织重心已移至东南。唐宋在植桑技术上有重要改进，丝产量大增，丝绸品种也更多，出现了杭州、湖州、亳州等著名的丝织中心。

福建南宋黄昇墓出土的丝绸衣物

明清丝绸产销达到鼎盛，这时丝绸已不仅为富贵人家所用，商人士子也可以穿着，比如，坚实耐用的茧绸和小绸就是供给士民所用的。

中国传统丝绸的生产技术经历了原始手工缫织、手工机器形成和手工机器工艺发展三个阶段。

原始手工缫织大体是在夏代以前。手工机器形成大约在夏、商、周三代。复合工具经过长期酝酿，演变成以缫车、斜机为代表的整套用人力作动力的手工机器，劳动生产率大幅度提高。手工机器工艺发展自秦汉至清2000余

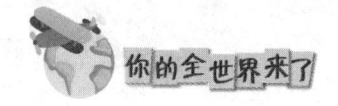

年，织机有了平织和提花两大类。

经历代工艺精益求精，中国丝绸出现许多优秀品种。著名的有轻盈平纹稀薄的薄纱，织有各种花纹图案的花罗，平纹地上起斜纹花的绮，斜纹地上起斜纹花的绫，以彩色丝线用多重多层组织出各种精美图案的高级丝绸锦。

蚕桑丝绸是古代中国的伟大发明，并通过被称为"丝绸之路"的海上和陆上贸易通道向外传播，先向东传至东亚，后向西传至中亚、西亚直至欧洲，对世界文明做出了极大的贡献。

衣服来了

35 棉质面料的特点

我国服装面料主要有丝、棉、麻、毛等几大类，各种面料都有自己的独到之处，丝质轻盈平滑，棉质舒适保暖，麻质凉爽透气，毛质柔软挺括。

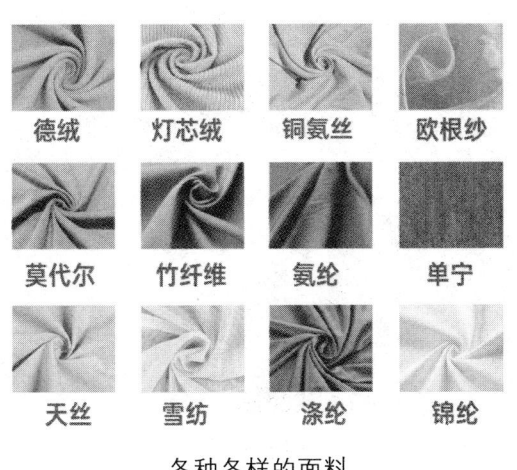

德绒	灯芯绒	铜氨丝	欧根纱
莫代尔	竹纤维	氨纶	单宁
天丝	雪纺	涤纶	锦纶

各种各样的面料

今天，我们来了解一下棉质面料。

我国的棉纺织业产生的时间较晚，因此，在很长一段时间，我国文字中只有"绵"字，而无"棉"字。

元代是我国棉纺织业发展的重要阶段，棉纺织生产和黄道婆从海南黎族带回来的先进的纺织工具和纺织技术有密切关系。宋代之后，棉纺织品逐渐成为人们服装的主要原料。

现在，我国仍然是棉纺织业生产比较发达的国家之一，棉质面料越来越受到人们的喜爱。

那么什么是棉质面料呢？棉质面料是指以棉花为主要原料，经纺织工艺生产的面料。一般棉纤维含量在60%~70%以上，其他纤维含量在40%以下，在棉纺织机械上进行编织加工的面料，可称为棉质面料。其中，含棉量为100%的称为纯棉面料。

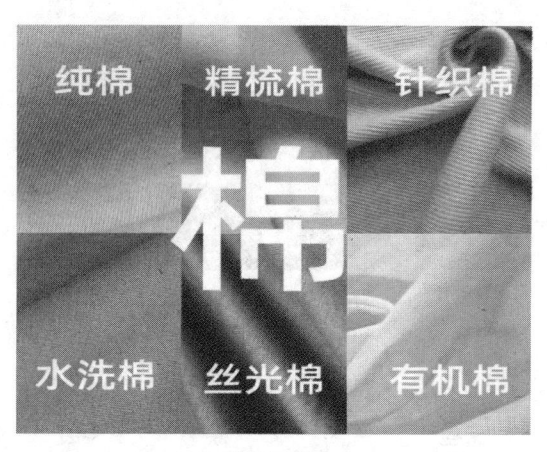

棉质面料

棉质面料具有很好的吸湿性。通常情况下，纤维可吸收周围大气中的水分，其含水率为8%~10%，所以当棉质面料接触人的皮肤时，能使人感受到面料的柔软，时刻保持舒适的感觉。如果棉布湿度增大，周围温度较高，纤维中含的水分会全部蒸发散去，使织物保持水平衡状态，所以夏天穿着棉质面料会更加透气干爽。

保暖性是棉质面料的另一个重要特点。棉纤维热传导系数极低，它本身还有许多小孔，纤维之间能积存大量空气，因此，纯棉纤维纺织品具有良好的保暖性，穿着起来使人感到非常温暖，人们在选择内衣时常常会选择纯棉面料。

纯棉织品耐热耐碱性能良好，在110℃以下，能引起织物上的水分蒸发，但不会损伤纤维，所以纯棉织物可以在常温下穿着使用，并且洗涤、印染等对织品都无影响，因此具有耐洗耐穿的性能。棉纤维在碱溶液中不会发生破坏现象，容易洗涤。同时，纯棉纺织品通过染色、印花及各种工艺加工，能够产生更多棉织新品种。

卫生性也是人们选择棉质面料的重要原因之一。棉纤维是天然纤维，其主要成分是纤维素，含有少量的蜡状物质和含氮物与果胶质。纯棉织物与肌肤接触无任何刺激，没有副作用，长时间穿着对人体有益无害，卫生性能好。

当然，棉质面料也不是没有缺点，尤其是纯棉面料，它容易缩水和变形，纯棉衣物的缩水率是2%~5%。因为棉纤维多孔且缺乏弹性，所以衣物容易变形起皱。如果暴晒或接近高温源，或在水中长时间浸泡，衣物容易褪色，经过多次洗涤和晾晒后，纯棉衣物及图案颜色会出现暗淡的现象。

总体看来，棉质面料的优点远大于它的缺点，因此，在常用的面料中，追求舒适的现代人还是愿意选择棉质面料。

36 我国的三大名锦

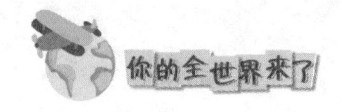

我们经常在祝福时用到"前程似锦"这个成语。那么锦到底是什么呢?

锦是指用锦纹组织或其他复杂组织制造的花纹丰富多彩的丝织物,是一种非常名贵的丝织品,这一点我们从"锦"字的构成就可以看出,"锦"由"金"和"帛"组合而成,看起来就比较昂贵,这种布料在古代只有有钱人才能穿着。

古代锦的种类繁多,不胜枚举,云锦、蜀锦和宋锦是我国最著名的三大名锦。

云锦是南京生产的特色织锦,有"寸锦寸金"之称。元、明、清三朝都指定云锦为皇家御用贡品。云锦集历代织锦工艺艺术之大成,列中国三大名锦之首,在我国历史上具有一定的地位和社会影响力。清康熙、雍正年间,南京云锦生产达到高峰。

云锦有别于其他锦,它以纬线起花,大量采用金线勾边或金银线装饰花纹,经白色相间或色晕过渡。云锦图案布局严谨庄重,色彩丰富多变,纹样变化概括性强,被称为我国织锦工艺的最后一座里程碑。

云锦大致可分为妆花、织锦、库缎、库锦四大类。其中,妆花是云锦中织造工艺最为复杂的品种,也是云锦中最具代表性的产品，它使用特殊的织机手工完成，一件妆花织物的花纹配色可多至二三十种颜色，至今用电脑也无法代替。

宝蓝地五彩芙蓉妆花缎（南京云锦研究所藏）

蜀锦是由蜀地生产的丝织品，起源于战国时期，到汉代时名闻全国。三国时期，诸葛亮从蜀国整体战略出发，把蜀锦生产作为军费的主要来源，把作坊和工匠集中在一起管理。"晓看红湿外，花重锦官城"里提到的锦官城都成了成都的别名，可见当时蜀锦的发展规模。

隋唐时期，蜀锦无论是花色品种还是图案色彩都有新的发展，并以写实生动的花鸟图案为主的装饰题材和装饰图案，形成绚丽而生动的时代风格。两宋以后，由于战乱，蜀锦工匠纷纷离开家乡，蜀锦生产受到严重的影响。

蜀锦的织物质地厚重，织纹细致，图案取材广泛，纹

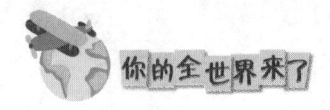

样雅致，色彩绚烂，对比突出，极具地方特色。纹样多采用龙凤、福禄寿喜、竹梅兰菊等。近现代蜀锦品种繁多，其中最具特色的有雨丝锦、月华锦、方方锦、浣花锦等多种。

宋锦起源于宋代，主要产地在中国的苏州，故又称之为"苏州宋锦"。宋锦色泽华丽，图案精致，质地坚柔，被誉为中国"锦绣之冠"。

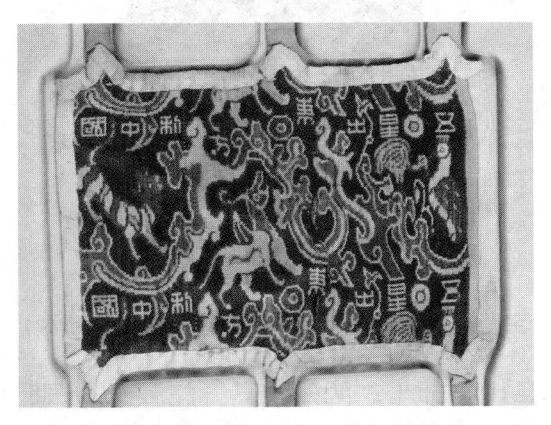

"五星出东方利中国"汉代织锦护臂

宋锦通常分为重锦、细锦、匣锦和小锦四类。重锦是宋锦中最贵重的一种，它质地厚重精致，层次丰富。宋锦中最具有代表性的是细锦，始终被广泛用于服饰、高档书画及贵重礼品的装帧装饰。

我国除了三大名锦之外，还有四大名锦之说，这一说法把广西的壮锦也列入了其中。

37 我国的四大名绣

我们经常提到一个成语叫"锦上添花",那么这花是如何添上去的,当然得依靠刺绣技艺。我国的四大名绣包括苏绣、湘绣、蜀绣、粤绣。

苏绣是以江苏省苏州地区为生产中心的传统民间手工丝线刺绣。苏绣分为单面绣、双面绣等,双面绣是苏绣的主要品种,它是在同一块底料上,在同一绣制过程中,绣出正反面图案,轮廓完全一样,图案同样精美,可供两面欣赏。

苏绣构图简练,图案秀丽,主题突出,图案工整,色彩清新高雅,针法丰富灵活,技巧精湛,浓淡相宜,代表作中比较著名的是双面绣《小猫》。

苏绣《白猫戏螳螂》

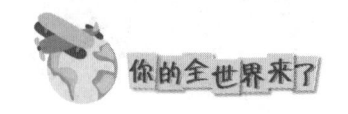

湘绣是以湖南省长沙市为中心的手工丝线刺绣产品的总称，是在湖南民间刺绣的基础上汲取了苏绣和广绣的优点而发展起来的。湘绣既吸收了传统绘画的优点，又充分发挥了刺绣工艺的特长，形成了景象写实，设色鲜明，风格质朴的特色，构图上，虚实结合，主题突出，利用绣料上的大片空白，既省工，又美观，代表作是《狮虎》。

湘绣中的双面全异绣非常著名，它是绣工在同一块底料的正反两面刺绣画面、色彩、针法都不相同的绣品。湘绣中比较有特色的针法是鬅毛绣，刺绣时使针呈放射状撑开，这样丝线一端粗疏、松散，一端细密，如同真毛一样。这种针法用来绣狮绣虎非常传神。

蜀绣是以四川省成都市为生产中心的手工丝线刺绣，起源于四川西部，具有严谨细腻、线片平顺、生动劲气、色彩丰富、虚实得体的特点。

蜀绣有蜀锦的基础，很早就具有相当的规模和普遍的群众基础，同时具有深厚的地方风格，经常以群众心目中美好的愿望为题材，比如五谷丰登，鸳鸯戏水等，代表作是双面异形主体绣《文君听琴》。

粤绣是广东刺绣艺术的总称，包括以广州为中心的"广绣"和以潮州为中心的"潮绣"两大流派。粤绣有真丝绒绣、金银线绣、线绣、珠绣等品种，它构图饱满，繁而不乱，图案工整，富于夸张，色彩鲜艳，对比强烈，整个绣品看上去富丽堂皇，具有独特的地方风格和艺术特色。

衣服来了

广绣《紫荆孔雀》

在粤绣中最值得一提的是金银线绣,又称钉金绣,其中以潮州的金银线垫绣最为突出。粤绣中有许多优秀作品,包括《百鸟朝凤》《九龙屏风》等。

在我国除了苏绣、湘绣、粤绣和蜀绣这"四大名绣"外,还有京绣、鲁绣、汴绣、瓯绣、杭绣、汉绣、闽绣等地方名绣。此外,我国少数民族的刺绣也有很多种类,如维吾尔族、彝族、傣族等也都有特色十足的民族刺绣。

38 纽扣和拉链的历史

纽扣属于服装的一个组成部分，它最早就用在服装开口连接处。现在纽扣除了有连接功能之外，还可以装饰和美化服装。

纽扣的历史源远流长，据考古学家的发现，早在3000年前，印度河谷就已经开始使用贝壳雕成的纽扣。在我国，最早使用的纽扣包括石纽扣、木纽扣和贝壳纽扣，这些纽扣大多由天然材料制成。随着时间的推移，纽扣的材质和形式也逐渐丰富起来，人们开始使用布料制成的带纽扣和盘结纽扣。在我国服装发展史上，中式盘扣是最常用的纽扣形式之一，它以其优美的造型、精巧的做工和重要的地位成为我国古代服装上不可或缺的一部分。

中式盘扣种类繁多，不仅是我国古代服装上重要的组成部分，还具有深厚的文化内涵。在唐代，圆领上广泛使用纽襻扣，一般用三对，这是我国在服装上使用排扣的起源。到了明代，人们开始使用铜制纽扣，而清代以后，大量使用的纽扣多为金属制品。

除了中式盘扣和金属纽扣外，还有许多其他形式的纽扣也在服装上得到了应用。例如，一些民族服饰中使用的草纽、布纽、皮纽等天然材料制成的纽扣，以及一些特殊场合使用的特殊造型的纽扣等。

衣服来了

各式各样的纽扣

目前，服装使用的纽扣形状各异，材质也各不相同，形状有圆形、方形、椭圆形、异形，等等。从材质上看，使用数量最大、品种最多、最流行的纽扣材质是合成材料，用合成材料制成的纽扣色彩鲜艳，造型各异，价廉物美，大家都喜欢使用。

拉链是19世纪末出现的，它由链牙、链头和限位码或锁紧件三部分构成，据说人们最初是想把它用在长筒靴上。

19世纪末，在欧洲中部的一些地方，人们开始研制可以取代纽扣的东西，做了许多次研制拉链的试验。1893年，美国人贾德森研制了一个"鞋用锁扣"并申请了专利，它可以看作是拉链最初的雏形。1913年，瑞典人桑巴克改进了这种粗糙的锁紧装置，拉链变得牢固很多。

拉链最先被用在军装上，美国军队在第一次世界大战中首次订购了大批的拉链，但是它在民间的推广并不顺

你的全世界来了

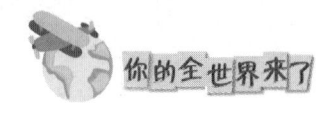

利，很多人都不愿意使用它，直到20世纪30年代才逐渐被接受。

拉链

后来，拉链的制造技术逐渐在世界各地传开，从欧洲到日本再到中国等亚洲国家先后开始建立生产拉链的工厂。我国的拉链生产是1930年从上海开始的，20世纪末，中国拉链的生产实现了第一次历史性的飞跃，产量超过了110亿米，我国成为全球最大的拉链生产国。

拉链的型号通常根据其尺寸和用途进行分类，主要分为树脂拉链、尼龙拉链和金属拉链等，又有闭尾、开尾、双闭尾、单边开尾等各种形式，每种类型的拉链都有其特定的型号和尺寸范围。

纽扣和拉链相对于服装来说，虽然占比很小，却是服装中不可或缺的一部分。

39 三大印花技艺之一——扎染

扎染是古代汉族民间传统而独特的染色工艺。这种工艺采用纱、线、绳等工具，对织物进行扎、缝、夹等多种方法组合后进行染色，染物使用板蓝根等其他天然植物，染色后把打绞成结的线拆除，形成多变的图案。扎染是我国传统的手工染色技术之一，扎染工艺分为扎结和染色两部分。

扎染在我国有着悠久的历史，现存最早的实物是东晋年代的绞缬印花绢。唐代，绞缬的纺织品甚为流行，"青碧缬衣裙"是当时时尚服装的基本式样。当时扎染技术还传到日本等国家，日本将这种工艺视为国宝。许多妇女都把扎染纺织品作为日常服装穿用，这在当时的一些陶瓷和绘画上都有反映。后来，扎染又流传到云南，因为当地水资源丰富、气候适宜，所以古老的扎染工艺便在云南扎根。

宋代，扎染工艺更加细化，用料也更为考究，北宋时期，因为扎染制作复杂，耗费大量人工，朝廷曾一度明令禁止，从而导致扎染工艺衰落，但西南边陲的少数民族仍保留这一古老的技艺。

元代，扎染工艺在我国西南一隅有了广泛的流传。明清时期，云南洱海白族地区的染织技术已达到很高的

水平。

到了民国时期,居家扎染已十分普遍,以一家一户为主的扎染作坊密集著称的周城、喜洲等乡镇,已经成为非常著名的扎染中心。

在扎染世界中,绝对找不到两幅花色图样或色调感情完全雷同的扎染布。这种独特的艺术效果,是机械印染工艺难以达到的。扎染既可以染成带有规则纹样的普通扎染织物,又可以染出表现具象图案的复杂构图及多种绚丽色彩的精美工艺品。扎染以蓝白二色为主调,通过蓝白二色的对比来营造出古朴的意蕴,有"青花瓷"般的淡雅之感。

扎染材料板蓝根

扎染一般以棉白布或棉麻混纺白布为原料,主要染料为蓼蓝、板蓝根、艾蒿等天然植物的蓝靛溶液,尤其是板蓝根。扎染的技法有米染、面染和豆染等。以前用来染布的板蓝根都是山上野生的,后来多是人工种植的。染缸、染棒、晒架、石碾等是扎染的主要工具，针线和绳等也必不可少。

扎染图案取材广泛，常以当地的山川风物作为创作素材，苍山云朵、洱海浪花、塔荫蝶影、花鸟鱼虫，妙趣天成，千姿百态。

各种花色的扎染布

云南大理的白族扎染技艺、四川的自贡扎染技艺先后被文化和旅游部列入国家级非物质文化遗产。大理市周城璞真综艺染坊被文化和旅游部列入国家级非物质文化遗产生产性保护示范基地。

扎染是我国一种古老的传统纺织品染色工艺，它与蜡染和镂空印花并称为我国古代三大印花技艺。扎染有朴实的原始美，又有变换流动的现代美，目前扎染已成为流行的手工艺，广泛地用于服装、床上用品和一些工艺品上，为它们增色添彩。

㊵ 中外服装的差异

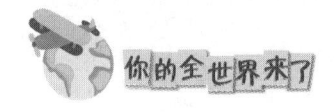

中外文化之间有很大的差异，人们的穿着观念也不相同，导致了中外服装方面的一些差异。我国的服装在产生之初就是为了要遮蔽身体，所以服装相对保守，缺少改变。西方人崇尚人体的美，所以服饰相对开放，变革频繁。此外，中国人重装饰，注重与环境和谐，西方人重造型，注重与环境对比。

中外服装最大的不同在于制作工艺上的不同。中式服装结构是整片式的平面型的，重视二维空间效果，不强调服装与人体各部位保持一致，也不注重用服装表现人体曲线，服装总体平直宽松，一般采用平面裁剪。西式服装结构是分割式的立体型的，强调三维空间效果，在结构上以立体裁剪为主，注重修正，以求最大程度上的合体，体现人体曲线美。

其次，中式服装的制作是静态的，传统的中式服装的剪裁都是放在案板上进行的，衣片的衣缝差不多都是直线形的，在衣片中间也不做任何收省或分割组合，一整片的衣片上很少有附件或配件，即使有少量的衣袋等附件，也是采用盖贴的形式贴缝上去的。衣片缝合时也只是两块衣片上下对叠后沿边缝合即可，缝合完毕就意味着一件衣服的完成，根本不需要有试样或修正过程，完全是一种静态式的制作。成衣后造型方正、整齐。

　　西式服装的制作是动态的，服装造型追求有体积感、律动感，所以在成衣后的要求是，穿着适身合体，衣服线条自然、流畅，造型饱满、圆顺，给人的印象是精神振奋、充满青春活力和动态之美。

西式服装

　　从色彩上看，中式服装色彩偏重黄色、红色，西式服装色彩偏重白色、紫色。

　　中国传统服装色彩受阴阳五行影响，有青、红、黑、白、黄五色之说，它们被称为正色，其他颜色为间色，正色在大多数朝代为上等社会专用，表示高贵。尤其是黄色，多年来一直作为皇家的御用颜色。

　　在西方，最流行的色彩是白色和紫色，白色代表纯洁、正直，是婚纱一直沿用的色彩。紫色象征高贵，让人联想到宫廷。欧洲文艺复兴以来，随着服饰奢华程度的升

级，明亮的色彩受到人们的欢迎。

从图案上看，中式服装喜好运用图案表达吉祥的祝愿，从古到今，从宫中到民间，吉祥图样运用极为广泛，如龙凤呈祥、松鹤延年等图样。西方服装上的图案随着历史的变迁而不断变化，古代多流行花草，后来是意大利文艺复兴时期的华丽的花卉图案，再后来是法国路易十五时期的表现S形或旋涡形的藤草和轻淡柔和的庭院花草花样。

中式服装

中西方服饰文化各有其丰富的内涵和鲜明的特色，它们都是人类祖先留下来的宝贵财富。

㊷ 拜占庭服饰

罗马帝国在395年分裂为东罗马帝国和西罗马帝国，东罗马帝国的首都在拜占庭，也就是现在的伊斯坦布尔。东罗马帝国也被称为拜占庭帝国，它在历史上是繁盛一时的国家，在政治上、经济上、文化上都产生了深远的影响，在服饰方面也不例外。

达尔玛提卡

服饰上，拜占庭帝国一方面继承了古罗马帝国的服饰形制，另一方面又受到东方服饰文化的深远影响，逐步形成了独有的服饰形制。

拜占庭主要的服饰形制有达尔玛提卡、帕留姆、帕鲁达门托姆斗篷、面纱和皇冠。

达尔玛提卡就是中间挖领口的平面十字形结构的宽松袍子，前胸后背贯穿两条紫红色的条纹，起初带有宗教象征意义，只有贵族才被容许穿着，后来仅作装饰，平民也可随意穿着。

帕留姆与达尔玛提卡一起作为外出服使用，用料为无花纹的素色织物，有时在边缘缝上或织进与底色相对的色条边饰，偶尔也使用满地花纹织物。

帕鲁达门托姆是一种方形大斗篷，是皇帝和高级官员的外衣，衣长及地，梯形面料，为了区分尊卑胸前缝一块带有不同刺绣图案的四边形装饰布。

面纱是长方形的素色布，华贵一些的散绣着简单的小十字架图案，边缘上有流苏装饰。面纱大小、长短种类丰富，有包裹住头部及肩和包裹住整个身体的。

皇冠是拜占庭皇帝从东方宫廷引进的，石榴石镶嵌技术和珐琅等金属工艺在皇冠上的应用精湛不已。

发达的染织业，是以华美著称的拜占庭服饰文化的重要组成部分。这一时期的面料不仅有羊毛和亚麻布、棉布，还有从东方传来的丝织物、锦、金丝纺织的纳石等面料，因此拜占庭时期也一度被称为"奢华的年代"。

在服饰的颜色方面，拜占庭和古罗马帝国的规定一样，红色和紫色只有皇室成员可以使用，高品质的紫色丝绸只有皇室成员和法院成员可以使用，低廉的伪造的紫色织物平民可以使用，但也只限于狭窄的条带装饰。

帕鲁达门托姆

拜占庭人把金丝、银线、珍珠和珍贵的彩色宝石都用于王公贵族、神职人员和富甲商贾的服饰的刺绣上。由刺绣工艺制成的装饰性饰品不仅仅适用于皇帝、贵族和神职人员的服装上，同样也适用于宗教场所。

拜占庭服饰在形制、面料、刺绣工艺和图案上都是丰富多彩的，体现了其服饰文化的多元性特征。

42 文艺复兴时期的服饰

在历史的长河中,文艺复兴时期是一个充满创新和变革的时期,在这个时期,艺术、文学、科学和时尚都发生了翻天覆地的变化。

文艺复兴时期的服装深受古典艺术的影响,开始逐渐摒弃中世纪烦琐、厚重的风格,转而追求轻盈、优雅的风格。男装通常以紧身胸衣和宽大的外套为主,而女装则以轻盈的裙子和精致的束腰为主。这些服装设计都体现了古典艺术中的优美曲线和优雅气质。

文艺复兴时期的男装

文艺复兴时期的服装可以分为三个阶段，首先是意大利风格时期，这一时期的服装特点是内衣部分地从外衣缝隙处露出，与表面华美的织锦布料形成鲜明对比，这样做是为衬托出布料的美；其次是德意志风格时期，这一时期流行开衩的衣服，即开衩、开裾，放到衣服上，主要是起到装饰作用；最后是西班牙风格时期，这一时期的服装追求极端的奇特造型和夸张的表现，这时衣物的缝制技术已经非常高超，皱领开始流行，披肩、紧身胸衣和各式裙撑开始出现。

文艺复兴时期的男性服装以紧身、合体的线条为主，这一时期的男性通常穿着紧身的羊毛衫，搭配宽大的长袍或长裤，这种搭配强调了男性的力量和优雅，同时也符合当时的社会审美，当时比较流行的鲜兹衬衫、肖斯紧身裤，等等。这个时期的服装往往选用颜色鲜艳的面料，外衣上经常带有斑点、几何纹样。

此外，男性还经常佩戴各种珠宝饰品，如金链、金戒指和金腰带等，以彰显其财富和地位。

文艺复兴时期的女性服装更加华丽和复杂，这一时期的女性通常穿着多层的长裙，裙子上下身分开裁剪后又缝在一起，腰线高，强调细腰效果，上半身腹部呈尖锐的三角形，下半身是多层衬裙或裙撑，如用鲸须和藤条做成的西班牙裙撑就非常著名。

文艺复兴时期女装还有一项重要的发明是西班牙紧身胸衣，这种胸衣主要是用来呈现丰满胸部的，最初使用

布、麻面料，后来，为了进一步塑造腰部线条，竟然出现了铁制的紧身胸衣。

西班牙风格时期的女装

当时的女装经常搭配华丽的头饰和珠宝首饰，这些服装通常由丝绸、天鹅绒等高档材料制成，色彩鲜艳，图案精美。此外，女性还经常佩戴各种面纱和装饰品，以展现其优雅和高贵。

文艺复兴时期的服装风格是多元化的，欧洲各国的文化交流日益频繁，各种不同的艺术风格和时尚元素相互融合，形成了丰富多彩的服装风格。例如，意大利的佛罗伦萨风格注重优雅和精致，而德国的服饰则更注重实用性和功能性。这种多元化的风格反映了文艺复兴时期的社会开放性和包容性。

43 巴洛克服饰风格中的荷兰风

巴洛克，原指那些形状怪异、外形略有瑕疵的珍珠。在17世纪末之前，泛指那些打破常规、别具一格的奇特之物。而在服装史上，17世纪初至18世纪初这段时期涌现的奇异装束，便被誉为巴洛克风格，这种风格主要体现在17世纪上半叶的荷兰风时期以及随后的法国风时期。

荷兰风时期的男装

17世纪的欧洲，局势动荡不安。荷兰作为首个资本主义国家，实力强大，孕育出了一种以男性为主导的雄浑艺术风格。荷兰人巧妙地将西班牙风时期的服饰部件重新组合,逐渐摆脱了传统服饰的僵硬与繁复装饰,他们摒弃了拉夫领、填充衬垫等元素,转而追求简约与实用。男子流行留长发,服装上装饰着大量的花边和皮革皮具,因这些元素在英文中均含有字母"L",故荷兰风时期又被称为"3L"时代——Longlook(长发)、Lace(蕾丝)、Leather(皮革)。此时,男女服饰的重心均转移至下半身,蕾丝的运用尤为广泛。

受战争影响,便捷的骑士装逐渐成为一种时尚潮流。男装相较于女装更早地迈向了实用化的发展方向。男子服饰中,拉巴领尤为流行,这种柔软下垂的大翻领或喇叭领,通常由花边或带花边的亚麻布制成,装饰着精美的蕾丝,展现出一种独特的韵味。

其中,达布里特骑士装更是风靡一时。荷兰人崇尚实用主义与节俭精神,因此达布里特骑士装的填充物被取消,衣长增加,盖住了臀部。肩部设计成大斜肩,腰线则设定在自然位置,腰际线下方呈现出波浪状的下摆。

马裤的出现也标志着荷兰风时期男子裤装的重大变革。原先的袜裤逐渐被半截裤所取代,这种裤子从腰部延伸至膝盖上方,用吊袜带或缎带扎口,收紧于膝部,并点缀着蕾丝或缎带,成为欧洲最早的男式长裤。与此同时,带跟的长筒靴也开始流行起来。

在荷兰风时期,男子发型也经历了一番变革。他们流行将前额的头发梳至脑后,露出额头,卷发则垂至衣领处。到了 17 世纪三四十年代，蓬松的长卷发和刘海开始成为男士们的时尚选择。而女子则喜欢梳理发辫或系成发髻，用缎带和蝴蝶结作为装饰。

荷兰风时期的女装

这一时期的女装摆脱了西班牙服装的僵硬感，展现出一种浑圆丰满的美感。荷兰人摒弃了紧身胸衣和西班牙式的裙撑，罗布长袍裙依然是主要的服装款式。上半身的袖子尤为宽大蓬松，蕾丝装饰和缎带蝴蝶结的运用也极为普遍，珍珠串作为装饰元素同样备受欢迎。下半身的裙体宽松自然，下摆宽大，能够容纳多层裙子。当时流行的是三层裙的设计，这种设计能够凸显出女性的丰满身材。领口设计低而开阔，领子和袖子处装饰着精致的蕾丝细节。披肩领作为一种流行的领型，初期这种领子多由亚麻线钩织而成，很快在巴洛克时期便演变为更为轻盈的蕾丝材质。

荷兰风时期的服装极具代表性，它被视为现代服装的鼻祖，对后世产生了深远的影响。

44 巴洛克服饰风格中的法国风

巴洛克时期，可被细分为前期的荷兰风时代和后期的法国风时代。随着荷兰风时代的落幕，法国风时代自1650年崭露头角，并持续至1715年，其服饰的演变与当时法国在政治、经济、文化领域的蓬勃发展紧密相连。

法国风时期的男装

在法国风时期，男装以缎带与花边的广泛应用为显著特点，有时一件内衣竟能装饰长达百米的缎带，展现出浓烈的装饰风格。男子服装逐渐显露出女性化的特征，他们身着鸠斯特科尔紧身外套，这种外套贴身合体，长度及膝，宛如现代的短大衣。这种设计源于衣长及膝的宽大军服，并逐渐演变为19世纪中叶前男服的基本款式，衣袖与下摆宽阔，强调收腰设计，凸显出男性的腰臀曲线，下摆如裙摆般展开，口袋位置偏低。外套无领，袖子逐渐放宽，并以纽扣固定的翻袖口为特色。门襟处密布纽扣，但并不全部扣上，开衩部位也从两侧移至后背中心。

此外，他们还常穿一种修长的马甲，这种马甲原为英国国王查理二世时期的流行款式，后发展成与鸠斯特科尔紧身外套相搭配的背心，同样注重收腰与后背开衩的设计。前门襟与外衣相同，装饰着一排密集的纽扣，起初带有袖子，后来演变为无袖款式，并以宽领巾和金绳子作为点缀。

女子服装中，最具代表性的莫过于法式紧身胸衣。这种胸衣采用鲸须或藤条作为骨架，穿着起来更为舒适。其缝线自腰部向下呈"V"字形散开，展现出女性丰满的胸部轮廓。低领露肩的设计搭配蕾丝与缎带的装饰，显得尤为奢华。腰部位置较低，制作精细。臀垫作为裙撑的一种变体，更强调女性臀部的丰满与挺翘。半月形的马鬃臀垫夸张了女性后臀部的线条，进一步凸显了女性的优雅身姿。

你的全世界来了

法国风时期的女装

　　随着时间的推移，女子的服装愈发精致，大量的褶皱与复杂的变换效果为女装增添了不少魅力。法国风时期的女子服饰尤为流行露肩设计。长至肘部的手套成为女子的重要配饰，通常由丝绸或精致的小羊皮制成，并搭配项链、手镯、耳坠等饰品。

　　值得一提的是，法国风时期盛行戴假发，假发长短不一，男子常将头发烫成卷发披于两侧，而女子则偏爱高耸的芳坦鸠发式，辅以宝石与珍珠，彰显女性的高贵气质。

　　总体而言，巴洛克时期的服饰，无论是荷兰风时代还是法国风时代，均以男性为中心，到十八世纪渐渐被以女性为中心的洛可可服饰替代。

45 现代时装之父——查尔斯·弗莱德里克·沃斯

伦敦、米兰、东京、纽约虽然都有自己的时装业，但是世界各地的人们都认为巴黎才是世界时装发源地和"世界流行中心"。

法国时装业的发展最早是由查尔斯·弗莱德里克·沃斯开启的。在沃斯身上有好几个不寻常的第一个：他是世界上第一个创立自己时装品牌的设计师，是第一个起用真人模特创办时装发布会的人，是组织了巴黎第一家高级女装设计师的权威机构——时装联合会的人，是第一个将"高级定制"的概念和时尚联系在一起的人。

查尔斯·弗莱德里克·沃斯

沃斯引领了巴黎的时尚业，但他并不是法国人，而是

你的全世界来了

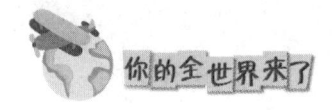

一位普通的英国人，出生于一个律师家庭。1838年，沃斯到伦敦做学徒，初次接触到服装业。1845年，沃斯只身来到巴黎闯荡，开始在巴黎时装业工作。1858年，沃斯与一名瑞典的布料商在巴黎的和平大街上开设了"沃斯与博贝夫"时装店，后因布料商退出，公司由沃斯独资，他开始拥有了自己设计并生产的服装品牌。

当时，平民和中产阶级是沃斯的主要顾客，沃斯为他们设计了很多漂亮又实用的衣服。但是，想要在巴黎这样的时装中心立足，就必须得到上流社会的青睐，这也是他多年以来的梦想。

终于，沃斯抓住了一个绝好的机遇。有一次，新任的奥地利大使夫人梅特尼克公主让沃斯做一件礼服，他精心准备，设计大胆又奢华，这件衣服让公主在巴黎的宫廷舞会上大出风头。没过几天，拿破仑三世的妻子欧仁妮皇后就提出召见他，沃斯由此走进宫廷，开始为法国皇室工作，他终于实现了自己多年的梦想。

沃斯在设计上不断革新，摒弃了当时裙子的传统形式，把裙子的支点从腰部移到肩部，女人们不再需要累赘的裙撑和配套的坚硬紧身褡来支撑庞大的礼服。起初，他将女裙的造型变成前平后耸的样式，前方减小隆起，夸张臀部和裙裾，从而使裙身更加简洁而优雅。之后，他为爱好散步的皇后专门设计了前裙裾提高到脚踝的散步裙，深得皇后喜爱。到19世纪70年代，沃斯又推出了从肩部下垂、腰节分割的新式紧身女装，这就是以后被称为"公主线"式的女装。

香港故宫文化博物馆展出的查尔斯·弗莱德里克·沃斯制作的长裙

新式女装为沃斯带来了巨大的声誉，他的设计成为巴黎服装界最时髦、最昂贵的设计。沃斯不仅成为法兰西第二帝国欧仁妮皇后的御用设计师，也为奥地利伊丽莎白皇后陛下设计服装。俄国、西班牙、意大利的王宫贵族纷纷慕名而来，美国的阔太太蜂拥而至，英国维多利亚女王为这位同胞感到骄傲的同时，也不忘下旨请沃斯制作服装。

沃斯不仅设计流行服装，还为客户们设计特定服装，比如化装舞会的套装、婚纱，等等。沃斯的设计兼顾每一个季节，并通过模特进行现场展示，让客户们自行选择，所有客户都可以在沃斯的工作室通过量身定制得到最满意的服装。

查尔斯·弗莱德里克·沃斯是名副其实的"现代时装之父"。

46 洛可可服装

洛可可服饰，起源于18世纪的法国宫廷，以其轻盈飘逸、华丽细腻的特性，迅速成为当时欧洲贵族们的挚爱。

洛可可，这一源自法语的艺术风格，最初指的是以贝壳与小石子混合制成的室内装饰品，后来逐渐演变成一种独特的服装风格。洛可可服装形态的演变过程跨越了奥尔良公爵摄政时代、路易十五时代、路易十六时代三个时段，每一时期都留下了浓墨重彩的时尚印记。

《蓬巴杜夫人》

洛可可服饰以女性为主，当时的女装常被喻为"盛大的花篮",服饰上不仅有盛开的鲜花、细腻的蕾丝,更有轻盈的蝴蝶结与缎带,这些元素共同编织出如梦似幻的华美篇章。

洛可可服饰构造精妙绝伦,包括紧身的胸衣、倒三角形的脚片、支撑起裙摆的裙撑,以及那层层叠叠、华丽至极的衬裙与罩裙。服饰上蕾丝与荷叶边的装饰,是洛可可艺术的经典之作。洛可可裙装袖子自肩部至肘部紧贴身体,而蕾丝边饰则从肘部垂下,自然展开,整体造型如同盛开的花朵般美丽动人。大量刺绣工艺的运用,更为服饰增添了几分贵族气质与浪漫情怀。

洛可可服饰的色彩多以淡雅柔和为主调,粉红、嫩绿、淡黄等色彩交织,宛如春日里盛开的花朵,带给人无尽的温暖与甜蜜。

在款式上,洛可可服饰更是匠心独运。它巧妙运用曲线,将女性的柔美身姿展现得淋漓尽致。无论是紧身的胸衣,还是蓬松的裙摆,抑或是精美的花边与蝴蝶结,都彰显出洛可可服饰的精致与细腻。

在面料的选择上,洛可可服饰同样讲究。轻盈透气的丝绸、蕾丝、薄纱等材质,使得服饰既舒适又不失质感。同时,洛可可服饰还善于运用各种花卉、蝴蝶、波纹等图案与纹理,为服饰增添层次感和立体感。

洛可可服饰的配饰同样丰富多样,精致的扇子、华丽的头饰、璀璨的珠宝等,都为整体造型增添了无尽的光

彩。这些配饰不仅具有装饰作用，更展现了当时社会对女性美的追求与赞美。

洛可可服饰中的蝴蝶结元素

　　洛可可服饰的魅力，在于其独特的审美理念与艺术表现力，它将女性的柔美与娇弱展现得淋漓尽致，同时蕴含着一种浓郁的浪漫主义情怀，让人仿佛置身于一个梦幻般的世界。

　　虽然如今洛可可服饰已不再是主流时尚，但其影响力和价值依然不容忽视。许多设计师在创作过程中都会借鉴洛可可服饰的元素与风格，将其与现代审美相结合，创作出独具匠心的作品。

　　总而言之，洛可可服饰以其浪漫与精致的完美融合，成为时尚界的一颗璀璨明珠。其不仅是女性柔美与娇弱的象征，更传递了一种追求美好生活的态度与精神。

衣服来了

47 克里诺林撑架裙

克里诺林撑架裙是19世纪末20世纪初出现在法国的一种女性服装，以其复杂的撑架和精细的褶皱著称。克里诺林是意大利语"马毛和麻"的意思，它原本是19世纪的一种裙撑的商标。

这种撑架裙起源于法国的宫廷，当时的女性王室成员为了显示自己的地位和财富，就想在服装设计上寻求独特性，于是设计师们开动脑筋，拓展想象空间，克里诺林撑架裙便应运而生。

维多利亚和阿尔伯特博物馆展出的克里诺林撑架裙

克里诺林撑架裙最大的特色在于其独特的撑架设计，

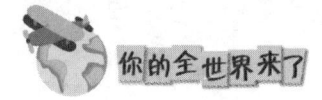

它主要运用了布料与金属支架的组合，使得裙子显得蓬松而饱满，而不再像过去依靠多条衬裙来制造裙子膨大的效果。撑架最初由金属、木材或塑料等制成，后来还有用竹子、鲸须和鸟羽茎骨制作的。撑架的形状各具特色，有的像鸟巢，有的像花环，有的像金字塔。裙子的材质则常常选用丝绸、棉布、缎子等面料，这些面料让裙子更有柔软度和延展性，进一步提升了裙子的质感，突出了女性的柔美和轻盈，整个裙子穿着起来更具有动态的美。

克里诺林撑架裙的另一特色在于其丰富的色彩。在当时，鲜艳的颜色是克里诺林撑架裙的标配，如红色、橙色、黄色等，这些颜色的运用，使得裙子看起来更加亮丽、动人。

《乱世佳人》剧照

衣服来了

克里诺林式撑架裙被认为是历史上最美的裙子，它裙围宽大，裙子上面有多重花边，还有缎带、流苏等装饰，显得华丽无比。为了搭配这种裙子，宫廷贵妇的发式和头饰也有了相应的变化。她们把头发梳成简单的发髻，头戴窄檐花棉布软帽，突出袒露的脖子和胸脯，这样与蓬大的裙子非常协调。

为了表现女性的纤细腰肢，紧身胸衣在这一时期也非常流行，女性胸衣的下部造型变得越来越尖。宫廷贵妇们穿着克里诺林式长裙，上身穿吊肩式无袖上衣，内搭塔袖衬衫，下身穿长裤，这是罗曼蒂克式长裙最完美的样式。

克里诺林撑架裙看起来非常漂亮，体现了女子的优雅、精致和高贵，可是也有不尽如人意的一面。首先，由于它样式复杂，装饰过多，穿脱不方便，实用性不是很强，尤其是在公共场合，由于裙子面料都是轻软的蕾丝和丝绸，起风时容易引发尴尬。其次，快速行走和弯腰时，裙撑会使穿着者行动受到一定的限制，容易发生危险。此外，由于裙摆过于庞大，女子穿着这种裙子上下马车时，如果没有别人帮助容易摔倒，裙子被卷进车轮发生危险的概率也比较大。

但这些都没有影响人们对它的喜爱，克里诺林撑架裙在19世纪末和20世纪初的巴黎社交界占据了重要地位，是当时上流社会女性所追求的时尚，一经出现，便迅速成为流行服装，以致影响到西欧各国的所有阶层，它反映了当时的社会观念和审美标准，为女性提供了一种自我表达、展示个性的方式。

48 国际四大时装周

时装周是一场时尚的集中展示，它对当季的流行趋势具有指导作用，不仅包括服装，还包括与其配套的鞋子、包包、配饰、帽子以及妆容的流行趋势。

时装周以国际四大时装周最为著名，它们分别是纽约时装周、伦敦时装周、巴黎时装周和米兰时装周。四大时装周每年一届，分为春夏时装周和秋冬时装周，每次在大约一个月的时间内相继举办300多场时装发布会。除四大时装周外，还有柏林时装周、日本时装周、香港时装周、中国国际时装周，等等。

纽约时装周

四大时装周在服饰业意义非常重大，它基本上揭示和决定了当年及次年的世界服装流行趋势。由于时装设计和成品之间必须留有半年到8个月的时间差,所以四大时装周提前6个多月就要进行次年的时装发布。

四大时装周各有特点。

纽约时装周每年在纽约举办,在时装界拥有着举足轻重的地位,拥有大量的名设计师、名牌、名模、明星,阵容强大,是一场美轮美奂的时尚盛会。

伦敦时装周不及巴黎和纽约的时装周有名气,但它却以另类的服装设计概念和奇异的展出形式而闻名,常常有一些"奇装异服"别出心裁,给人们带来意外惊喜。

米兰时装周

米兰曾经是意大利最大的城市,历史悠久,文化气息浓厚,是世界时装业的中心之一。米兰时装周作为四大时

你的全世界来了

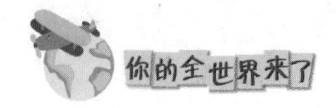

装周之一，集中了上千家专业买手、来自世界各地的专业媒体和风格潮流，这些元素所带来的世界性传播远非其他商业模型可以比拟。意大利米兰时装周一直被认为是世界时装设计和消费的"晴雨表"。

法国巴黎一直是时尚的中心，被誉为"服装中心的中心"，在这里有很多世界公认的顶尖级服装品牌设计和推销总部。巴黎时装周由法国时装协会主办，协会的最高宗旨就是将巴黎作为世界时装之都的地位打造得坚如磐石。巴黎时装周作为四大时装周的压轴，是国际流行趋势的风向标，不仅引领着法国纺织服装产业的走向，还引领国际时装的风潮。

四大时装周的服装流行趋势每年通过时尚编辑和记者们发布出来，他们每年早早来到时装周，通过观看各种时装秀，寻找各场秀的交叉点，总结出每年的流行重点和流行趋势。另外，各大品牌还会主动邀请大牌的时尚记者到自己的品牌总部样品间，近距离接触走秀的服饰并采访设计师，了解设计师们的设计理念，更深入地了解他们的时装。

四大时装周是时装的盛会，展示了服装的时尚和美丽，但又各有侧重，纽约的自然、伦敦的前卫、米兰的新奇和巴黎的奢华已成为这四个时装中心各自的标志。

49 风靡世界的牛仔装

牛仔装，是指以牛仔布为主要面料缝制成的套装，主要由牛仔夹克衫与牛仔裤组成，女性也可以穿着牛仔裙。另外，还有牛仔衬衫、牛仔马甲等各种样式。

19世纪50年代，最先产生了牛仔裤。当时正值美国加利福尼亚淘金热，矿工们对普通裤子磨损太快，装不下淘来的黄金颗粒感到不满，却又无可奈何。一位名叫李维·斯特劳斯的犹太商人看准了这个商机，成立了李维斯公司，开始生产用帆布制成的工装裤，这种由帆布制成的裤子结实、耐磨还耐脏，深受矿工们的欢迎，牛仔裤由此产生。

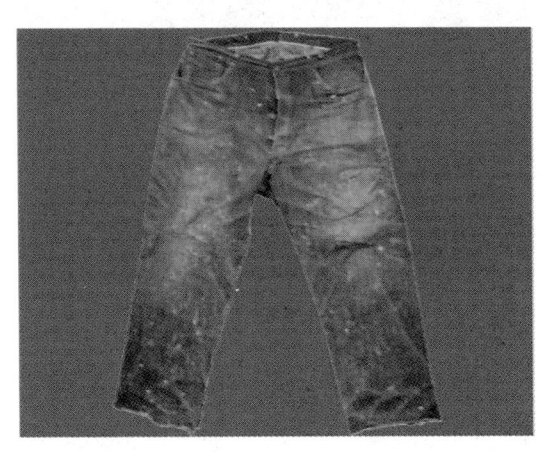

古着拍卖会上19世纪80年代的李维斯牛仔裤

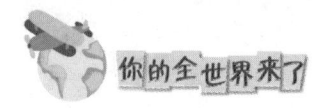

当时的牛仔裤是棕色的,而不是像现在我们常见的蓝色,而且它是一种外裤,腰部设计得很高,可以把普通裤子套在里面。在设计上,裤兜和裤门处不再使用普通纽扣,而是选取了崭新的铜纽扣和铜拉锁,这种设计也成为牛仔服装里一种历久不变的标志性元素。

牛仔装开始流行主要得益于好莱坞上映的西部牛仔电影,当男影星罗伊·罗杰斯以一身牛仔服装出现在公众视线中的时候,大量的影迷为之倾倒。由他塑造的粗犷、潇洒又浪漫的形象,立即引起轰动,他也因此被称为"牛仔之王",并掀起了一场全球性的牛仔风暴,这场风暴从美国的西海岸蔓延到世界的每个角落。

各式各样的牛仔装

从那个时期起,牛仔装逐步脱离了工装裤的概念,而成为一种流行的时尚品,工人、学生、商人、明星,甚至是皇室成员、总统和第一夫人,都开始穿这种轻松又随意

的服装。牛仔超越年龄、性别、国籍、宗教、阶级，等等，受到全世界人民的喜爱。

根据有关资料显示：在欧洲地区，几乎有50%的人在公共场合穿着牛仔服，荷兰竟然有高达58%的人穿牛仔服，德国也有46%的人穿牛仔服，还有就是有"时装之都"之称的法国也有42%的人喜欢穿牛仔服。美国穿牛仔服的人堪称世界之最了，因为几乎每个人都有5件到10件，甚至是更多牛仔服，美国的各大商场里卖得最多的就是各类品牌牛仔裤。20世纪80年代后，牛仔服开始在我国流行。目前，中国的牛仔裤市场已经成为全球最大的市场之一。

牛仔装与时俱进，不断演化发展，出现了很多新的款式，除了传统的紧身式外，还有宽松式。制作工艺上，有喷色、补丁、拼接、破洞等多种变化。颜色上也拓展出许多种，如浅蓝、白色、灰色、铁锈色、棕色，等等，当然现在最常见的牛仔装还是靛蓝色。

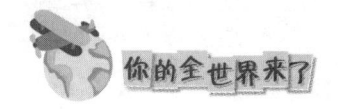

50 中外通用的正装——西服

西服，又称西装，是一种非常受欢迎的服装款式。广义上的西服是指西式服装，是相对于中式服装而言的欧系服装，狭义上的西服则是指西式上装或西式套装，它们通常给人一种庄重、大气的感觉，配上领带或领结，更显得高雅、有档次。无论是正式的商务场合，还是日常的休闲聚会，很多人都倾向于选择西服作为自己的着装。

溥仪身着西装的照片

有些人认为，西服最初源自西欧渔民的服装，他们终年与海洋打交道，喜欢穿着散领少扣的服装，因为这样穿着更方便捕鱼，后来，系在脖子上用来抵御寒冷的领巾演变成了领带，成为西服最重要的装饰品。另一种观点则认为，西装源自英国王室的传统服装，它是一种由上衣、背心和裤子组成的三件套，并且使用同一颜色、同一面料，很多场合都可以穿着。

现代的西服形成于19世纪中叶，但从其结构特点和穿着习惯来看，我们至少可以追溯到17世纪后半叶的路易十四时代，而西装传入中国的时间大概在19世纪40年代前后。1879年，中国人在苏州开设了第一家西服店。1911年，国民政府将西服列为礼服之一。20世纪30年代后，一些专做高级西装和礼服的西服店在上海和哈尔滨等大城市出现。

西服的基本领型分为平驳领、戗驳领、青果领，三种领型都在胸前形成一个呈"V"字形的三角区，这种设计既实用又美观。西装的前身一般有三只口袋，左上胸为手巾袋，左右摆各有一只有盖挖袋、嵌线挖袋或者贴线袋。西服的下摆通常为圆角、方角或斜角，有的开背衩两条或三条。袖口有真开衩或假开衩两种，并钉三粒衩纽。按门襟的不同，可分为单排扣和双排扣两种样式。

西服的面料一般选用优质羊毛或羊绒面料，深色居多，给人一种高贵的感觉。

西服按照穿着人群可以分为男士西服、女士西服和儿童西服三类，按照版型可以分为欧版西服、英版西服、美版西服、日版西服，等等，这几种西服中以美式西服的穿着最为舒适，贴身的欧版西服则对身材有要求，只适合那些身材修长的男性穿着。

你的全世界来了

西服与领结的搭配

在西服的穿搭中,我们尤其注重鞋子的搭配。搭配西服的鞋子不能太休闲和花哨,而应该与我们的西装相匹配,尤其是在正式的商务场合,我们应该选择黑色或者深棕色的皮鞋。同时,系上领带或打上领结更能展现出西服的正式和庄重。

西服从欧洲影响到国际社会,成为世界性的服装,直到现在仍然是一种富有生命力的服装。

51 俏丽潇洒的迷你裙

早在18、19世纪，欧洲一些热爱运动的女性们常常头戴饰物繁多的大帽子，身穿堆满花边和皱褶的长衣裙去打高尔夫球和网球，可想而知，这样活动起来非常不方便，还容易受伤。

直到1910年，这种情形有了改变。1910年，一位英国妇女大胆地穿上了男西装式的女上衣及平跟鞋走向了球场，这让许多人大跌眼镜，成为轰动一时的事件。后来英国女性中便流行起一种头戴小巧呢帽、身穿男西装式轻便套装、脚穿平底鞋的装束。她们的这种新式打扮颠覆了许多人的认知，引来了时髦的法国女性的嘲笑，时髦的法国女性认为这种打扮过于男性化，缺少女性美。

20世纪50年代后期，玛丽·奎恩特在伦敦切尔西的国王路上开了一家名为Bazaar的服饰店，她设计大胆，富于创新，把裙子的下摆提高到膝盖上四英寸，设计出了历史上从未有过的迷你裙，她把当时只求简单而忽视女性魅力的呆板服装彻底改变了，迷你裙适应当时人们喜爱体育运动的需要，充满青春的活力，深受年轻女性的喜爱，因此获得了极大的成功。

20世纪60年代，是迷你裙最轰动的时候。迷你裙裙摆非常短，仅到大腿的中部，充分展示了女性肢体的美

感。但是，当时有些人认为这种着装太过裸露，不适合在公众场合穿着，也有很多人提出过反对意见。

20世纪60年代伦敦街头身穿迷你裙的女性

1966年，美国的第一夫人杰奎琳·肯尼迪给这种服装做了一次助推。她穿着迷你裙的照片出现在当时影响非常大的《纽约时报》上，一时引起了极大轰动，成为女性解放和女权运动最好的广告。此后，迷你裙不论是款式还是用料都更加大方随意，穿起来也更加合身和舒适，显示出女性活泼、健康的朝气。此时，全世界的女性都把伦敦街头穿着迷你裙的女孩们当成了偶像，纷纷效仿，就连过去一直嘲笑和反对她们的法国女郎们也渐渐地穿起了这种服装。

迷你裙到底是谁发明的一直都有争议，但是史书上留下的是英国设计师玛丽·奎恩特的名字。她对迷你裙的时尚变革做出过巨大的贡献，因此她本人被称为"迷你裙之母"。

衣服来了

运动场上的迷你裙

　　现在我们经常在网球比赛中看到女运动员们穿着这种迷你裙，身姿矫健地奔跑在运动场地上。这种裙装充满了青春活力，既展现了美感，又便于运动。

　　迷你裙是一种富有生命力的服装，现在女孩子们还会为它配上一双长袜或者过膝的长靴，显得时尚又潮流。

52 衣服的未来

衣服作为我们生活的必需品，它在过去、现在、将来都是不能缺少的，它的材质一定会越来越舒适环保，颜色会越来越丰富多彩，式样会越来越新颖美观，能够不断满足人们越来越高的生活需求。那么，衣服的未来会是什么样子呢？

首先，从衣服的功能看，它不再只能简单地遮蔽身体，防暑御寒，它会有更多的功能，让人们穿着得更加舒适和便利。

镜面元素在服装中的运用

其次，从衣服的材质看，未来衣服的材质一定是更舒适，更环保，在面料方面那种保暖性不足或是不够透气的现象不会再发生，更不会有因材质不合格让人过敏的事情出现。

衣服会有根据天气情况自动调节温度的特性，天凉时衣服会自动升温，天气变热时，它又会自动降低温度，保持人体最大的舒适度。所以我们冬天不用再穿厚重的棉衣、臃肿的羽绒服，夏天也可以告别防晒服和太阳伞。那时，一件衣服就可以适应所有季节，不用频繁更换，人们的生活也会更加经济和便利。

有人会说总穿一件衣服多单调啊！不用担心，在颜色和式样方面，未来的衣服也会有强大的变化功能，它能够自主转换颜色和式样，符合人们个性化的需要。人们可以随时把它变成自己喜欢的颜色和式样。随时随地都可以变装，像变魔术一样有趣。如果你喜欢多种颜色，那你的服装会变化得更多。你可能出门时穿的是一套白色的公主裙，回来时已经变成了一套粉红色的休闲运动装。你可能出门时还是一个可爱的小公主，回到家时已经变成了一个活泼的运动达人了，估计你妈妈也要对你"刮目相看"了。到那时，"只认衣服不认人"是根本行不通了。

衣服每天被我们穿在身上，它离我们人体最近，未来的衣服除了能起到防暑御寒的作用之外，还能最直接地了解我们的身体状况。未来的衣服可以随时监测我们的健康，它每天都会测出我们的体温、血压、心跳以及各个器官的功能是否正常，如果我们身体的某个部位出现了状况，它会在第一时间给我们提示，像一个负责的家庭医生

一样。

除此之外，未来的衣服除了作用于穿着者本人之外，还能起到监测环境的作用，我们穿着衣服行走在各地，它会对周围环境形成一个准确报告，如果哪里的空气不达标，哪里的河流有污染，当我们穿着衣服一走一过之间，它都会记录下来进行反馈，给环保部门提供第一手数据。

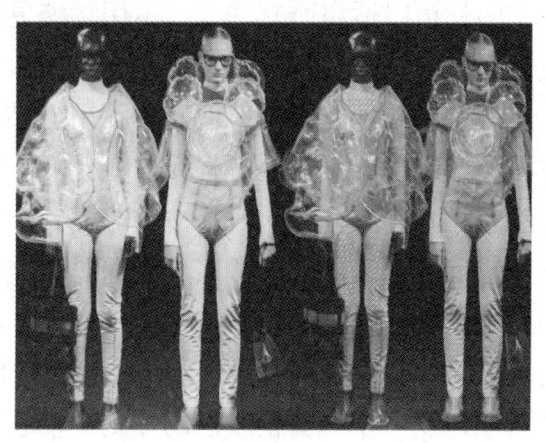

有未来感的衣服

未来的衣服还有自净的功能，不必清洗，为人们节省了大量的时间，它可以自动清除灰尘和细菌。同时，它还可以帮助人们把身体内的毒素排出体外，让人们减少得病的概率，保持身体健康……

总之，未来的衣服一定是功能强大、对人类生活质量的提高有很多很大的帮助的设计。

衣服的未来会有无限的可能性，让我们期待那一天的到来吧！